高职高专计算机类专业"十二五"规划教材

HTML 与 CSS 前台页面设计

主　编　许　莉

副主编　李　唯　汪晓青

主　审　王路群

中国水利水电出版社
www.waterpub.com.cn

内 容 提 要

本书系统介绍了前台网页设计技术，主要包括：HTML 与 CSS 网页设计基础理论，HTML 网页头部标记、网页主体、内容标记，HTML 网页中的图片处理，利用 HTML 创建超链接、表格、表单，应用 CSS 样式进行网页布局等，逻辑严密，实例丰富，内容翔实，可操作性强。

本书可作为高职院校或大专院校相关专业教材，也可作为 Web 前端开发人员、网站建设人员的参考书，还可作为各类电脑职业培训教材。

本书提供电子教案，读者可以从中国水利水电出版社网站以及万水书苑下载，网址为：http://www.waterpub.com.cn/softdown/或 http://www.wsbookshow.com。

图书在版编目（C I P）数据

HTML与CSS前台页面设计 / 许莉主编. -- 北京 : 中国水利水电出版社，2011.1（2017.8 重印）
高职高专计算机类专业"十二五"规划教材
ISBN 978-7-5084-8049-7

Ⅰ. ①H… Ⅱ. ①许… Ⅲ. ①超文本标记语言，HTML－主页制作－程序设计－高等学校：技术学校－教材②主页制作－软件工具，CSS－高等学校：技术学校－教材
Ⅳ. ①TP312②TP393.092

中国版本图书馆CIP数据核字(2010)第219623号

策划编辑：杨庆川　　责任编辑：张玉玲　　封面设计：李 佳

书　　名	高职高专计算机类专业"十二五"规划教材 HTML 与 CSS 前台页面设计
作　　者	主　编　许　莉　副主编　李　唯　汪晓青　主　审　王路群
出版发行	中国水利水电出版社 （北京市海淀区玉渊潭南路 1 号 D 座　100038） 网址：www.waterpub.com.cn E-mail：mchannel@263.net（万水） 　　　　sales@waterpub.com.cn 电话：（010）68367658（发行部）、82562819（万水）
经　　售	北京科水图书销售中心（零售） 电话：（010）88383994、63202643、68545874 全国各地新华书店和相关出版物销售网点
排　　版	北京万水电子信息有限公司
印　　刷	三河市鑫金马印装有限公司
规　　格	184mm×260mm　16 开本　15.5 印张　382 千字
版　　次	2011 年 1 月第 1 版　2017 年 8 月第 6 次印刷
印　　数	15001—17000 册
定　　价	26.00 元

凡购买我社图书，如有缺页、倒页、脱页的，本社发行部负责调换

前　　言

HTML 和 CSS 是网页制作的基础语言，是每个网页制作者必须掌握的内容。Web 标准是所有网页前台技术的发展方向，本书针对 Web 开发系统，系统、全面地介绍了各种 HTML 网页制作标记、语法、说明和范例，强化 CSS 应用技巧讲解。应用 CSS 制作页面比传统的属性标签更漂亮，更便于与后台结合。

本书不仅包含了网页前台技术的各种概念和理论知识，而且对多种知识的综合运用进行了详细的讲解。知识点系统连贯，逻辑性强；重点难点突出，利于组织教学；在内容安排上注意承上启下，由简到繁，循序渐进地讲述网页前台技术，从基本概念到具体实践、从页面结构建设到页面布局都进行了详细阐述，并进行了细致的实例讲解。

本书共分为 11 章，分别介绍了：HTML、CSS 网页设计概述；HTML 基础，包括 HTML 代码的结构、HTML 网页的构成；HTML 网页头部标记；HTML 网页主体与内容标记，包括标题与段落标记的使用、文本格式标记的使用；使用 CSS 样式，包括 CSS 样式代码编写规则、CSS 样式选择器；HTML 网页中的图片；创建超链接；创建表格，包括表格基础标记、创建高级表格；创建表单；对表格与表单应用 CSS 样式；使用 CSS 样式完成网页布局。

HTML 与 CSS 前台页面设计是一门实践性较强的课程，需要通过大量的上机实践去熟悉 HTML 与 CSS 的各种标记，掌握这些标记的灵活应用，所以本书每个重要的知识点都配有例题讲解。在每章最后还有一个综合的实例讲解，该实例对本章的知识点进行了综合应用，使读者对每章知识点有一个全局性的把握。

各章后的练习不仅包括对理论知识进行考察的习题，还包括对实践能力进行检验的实训练习。这样便于理论联系实际，进行综合考察。

在 HTML 与 CSS 中涉及了大量的标记，为了让读者在需要的时候能够快速地查阅到相关标记的使用，本书提供了一组附录，其中可以查到 HTML 与 CSS 的一些标记的使用，以及网页设计中用到的单位和 Web 颜色。

本书由许莉任主编，李唯、汪晓青任副主编，王路群主审，参与本书编写的还有李汉桥、董宁、马力、谢日星、鲁娟、夏敏、肖静、侯自力等。对于在本书编写过程中提供了支持和帮助的所有人，在此表示衷心的感谢。

由于时间仓促及作者水平有限，书中不足之处在所难免，恳请广大读者、专家批评指正。

编　者

2010 年 10 月

目　　录

第 1 章　HTML 与 CSS 网页设计概述

本章首先介绍 HTML 与 CSS 的基本概念，然后介绍网页与网站的关系，以及 HTML、CSS 网页的开发环境。

- HTML 的基本概念
- CSS 的基本概念
- 网页与网站及 HTML、CSS 网页的开发环境

1.1　HTML 的基本概念

1.1.1　什么是 HTML

HTML 是 Hypertext Markup Language 的缩写，即超文本标记语言，它是用于创建可跨平台的超文本文档的一种简单标记语言，现在通常用来创建 Web 页面和网页。HTML 之所以叫做超文本标记语言是因为它不仅描述文本，而且对网页中的图像、声音等各种元素都可以描述，同时它又是通过标记（Tag）来指明网页中的文档、图像、声音等各种元素是如何显示的。

使用 HTML 语言编写的脚本一般被称为网页或 HTML 文档。HTML 文档的扩展名通常为.html 或.htm。HTML 文档就是普通的文本文档，所以可以使用任何文字编辑软件来撰写和编辑。开发中通常使用所见即所得的开发工具来生成 HTML 网页，在生成的代码的基础上可以以手工方式做一些调整，这要求掌握 HTML 最基本的语法。

1.1.2　HTML 的发展

HTML 是 Web 统一语言，这些容纳在尖括号里的简单标记构成了如今的 Web，1991 年，HTML 的发明者 Tim Berners-Lee 编写了一份叫做"HTML 标记"的文档，里面包含了大约 20 个用来标记网页的 HTML 标记。他直接借用 SGML 的标记格式，也就是后来看到的 HTML 标记的格式。

HTML 在诞生之初，其目的非常简单。当时 Tim Berners-Lee 设计了数十种乃至数百种未来使用的超文本格式，并想象智能客户代理通过服务器在网上进行轻松谈判并翻译文件。

Tim Berners-Lee 最初在 CERT 开发了 HTML，这种语言由于 NCSA 的 Mosaic 浏览器的使用而广泛流传。早先的浏览器仅是以文本为基础，但很快人们就开始研究在网上放置图像和图标。1993 年，一个名叫 Marc Andreessen 的大学生在他的 Mosaic 浏览器上加入了标记<img>。

HTML 在继续发展，不断产生新型、功能强大且生动有趣的标记形式。有了<background>（背景）、<frame>（框架）、<font>（字体）和<blank>（闪烁效果）这样的标记。微软公司致力于网上游戏领域，他们设计了<marquee>、<iframe>和<bgsound>（背景声效）标记，力图在 HTML 标准中争取到一席之地。1995 年 11 月，当时的 Internet Engineering Task Force（IETF）在对 1994 年的常用实践进行整理的基础上，倡导开发了 HTML 2.0 规范。同时 HTML+和 HTML 3.0 为 HTML 提供了更为丰富的版本。

就在这个时候，HTML 发展出了许多不同的版本。只有那些网页设计者和用户共有的 HTML 部分才可以被正确浏览。出于对这种混乱局面的考虑，制定一个公认的 HTML 语言规范成为当务之急。

1996 年，World Wide Web Consortium（W3C）的 Html Working Group 开始组织编写新的规范，他们的努力在 1997 年 1 月随着 HTML 3.2 的诞生得到了回报。由此 HTML 3.0 完全失去了市场，HTML 3.2 开始发展。

时至今日，HTML 已经发展到了比较成熟的 HTML 4.0 版本，在这个版本的语言中，规范更加统一，浏览器之间的统一性也更加完好了。

1.1.3　HTML 与 XHTML

HTML 和 XHTML 的区别简单来说就是 XHTML 是语法要求更加严格的 HTML，XHTML 可以认为是 XML 版本的 HTML。

XHTML 解决了 HTML 语言所存在的严重制约其发展的问题。HTML 发展到今天存在三个主要缺点：不能适应越来越多的网络设备和应用的需要，比如手机、PDA、信息家电都不能直接显示 HTML；由于 HTML 代码不规范、臃肿，浏览器需要足够智能和庞大才能正确显示 HTML；数据与表现混杂，这样的页面要改变显示就必须重新制作 HTML。因此，HTML 需要发展才能解决这个问题。于是 W3C 又制定了 XHTML 标准，XHTML 是 HTML 向 XML 过渡的一个桥梁。

1.2　CSS 的基本概念

1.2.1　什么是 CSS

CSS（Cascading Style Sheet），中文译为层叠样式表，是用于控制网页样式并允许将样式信息与网页内容分离的一种标记性语言。CSS 是 1996 年由 W3C 审核通过并推荐使用的。简单地说 CSS 的引入就是为了使得 HTML 能够更好地适应页面的美工设计。它以 HTML 为基础，提供了丰富的格式化功能，如字体、颜色、背景、整体排版等，并且网页设计者可以针对各种可视化浏览器设置不同的样式风格，包括显示器、打印机、打字机、投影仪、PDA 等。CSS 的引入随即引发了网页设计的一个又一个新高潮，使用 CSS 设计的优秀页面层出不穷。目前最新版本是 CSS 2.1，是 W3C 的候选推荐标准，下一版本 CSS 3 仍然在开发过程中。

1.2.2　CSS 在网页设计中的作用

CSS 最重要的作用是将 HTML 页面的内容与它的显示分隔开来。在 CSS 出现以前，几乎所有的 HTML 文件内都包含文件显示的信息，如字体的颜色、背景应该是怎样的、如何排列、边缘、连线等都必须一一在 HTML 文件内列出，有时甚至重复列出。CSS 使 HTML 页面开发者可以将这些信息中的大部分隔离出来，简化 HTML 文件，这些信息被放在一个辅助的、用 CSS 语言写的文件中。HTML 文件中只包含结构和内容的信息，CSS 文件中只包含样式的信息。

CSS 样式信息可以包含在一个附件中或者包含在 HTML 文件内。不同的媒体可以使用不同的样式表。比如一个文件在显示器上的显示可以与在打印机中打印出来的显示不同。这样 HTML 页面开发者可以为不同的媒体设计最佳的显示方式。此外，CSS 的目标之一是让 HTML 页面浏览者有更大的控制显示的自由。假如一个 HTML 页面浏览者觉得斜体字的标题读起来很困难，他可以使用自己的样式表文件，这个样式表可以"层叠"使用，他可以只改变红色斜体字这个样式而保留所有其他的样式。

1.3　网页与网站

1.3.1　网页与网站的关系

网页与网站的区别简单来说就是网站是由网页集合而成的。大家通过浏览器所看到的 Web 页面就是网页，网页就是一个页面文件（包括 HTML 文件、ASP 文件等），而浏览器是用来解读这份文件的。

网站（Web Site）是发布在网络服务器上由一系列网页文件构成的，为访问者提供信息和服务的网页文件集合。网页是网站的基本组成要素，一个大型网站可能含有数以百万计的网页，而一个小的企业网站或个人网站可能只有几个网页。

1.3.2　建立网站

建立一个网站，首先要有速度够快、运行稳定的计算机和良好的网络环境，其次需要在计算机上安装相应的 Web 服务器程序（如 IIS 和 APACHE 等），这样才能把一台计算机变成一个基本的网站服务器。

建立好网站服务器之后，就可以把做好的 HTML 页面放置到网站服务器之上，这样网站的浏览者就可以通过网站服务器浏览到放置在网站服务器上的 HTML 页面了。

当然，实际建立一个网站需要考虑的问题还有很多，但是不管建立怎样的网站，为网站编写 HTML 页面都是必不可少的工作，而本书将重点讲解如何编写美观、明了、易用而且满足网站需求的 HTML 页面。

1.3.3　URL 简介

URL 是 Uniform Resource Locator 的缩写，译为"统一资源定位符"。通俗地说，URL 是 Internet 上用来描述信息资源的字符串，它提供在 Web 上访问资源的统一方法和路径，使得用户所要访问的站点具有唯一性，相当于实际生活中的门牌地址。在 Internet 中，如果要从一台计算机访问网站服务器上的 HTML 页面，就必须知道对方的网址。

URL 的格式通常由以下三部分组成：

（1）协议（或称为服务方式）。

（2）存有该资源的主机 IP 地址（也可以包括端口号）。

（3）主机资源的具体地址，如目录和文件名等。

第一部分和第二部分之间用"://"符号隔开，第二部分和第三部分之间用"/"符号隔开。第一部分和第二部分是不可缺少的，第三部分有时可以省略。

当用 URL 访问网络计算机中的文件时，协议用 file 表示，后面要有主机 IP 地址、文件的存取路径（即目录）和文件名等信息。有时可以省略目录和文件名，但"/"符号不能省略。

示例 1：file://127.0.0.1/C:/windows/ notepad.exe

代表存放在主机 127.0.0.1（该 IP 表示当前正在操作的计算机）上的 C:/windows/目录下的一个文件，文件名是 notepad.exe。

示例 2：file://127.0.0.1/C:/windows

代表主机 127.0.0.1 上的目录 C:/windows。

示例 3：file://127.0.0.1

代表主机 127.0.0.1 上的根目录。

当在因特网中访问网站服务器上的 HTML 页面时，需要使用超文本传输协议 HTTP，定位超文本信息服务的资源。

示例 1：http://www.google.com/111/welcome.htm

表示访问计算机域名为 www.google.com（域名可以被解析为 IP）中在目录/111 下的 welcome.html 页面。

示例 2：http:// www.google.com.hk /talk/talk1.html

表示访问计算机域名为 www.google.com.hk 中在目录/talk 下的 talk1.html 页面。

总之，URL 是用来完整描述 Internet 上 HTML 网页和其他资源的地址的一种标识方法。Internet 上的每一个网页都具有一个唯一的名称标识，通常称之为 URL 地址，这种地址可以是本地磁盘，也可以是局域网上的某一台计算机，更多的是 Internet 上的站点。简单地说，URL 就是 Web 地址，俗称"网址"。

1.3.4 HTML 与 CSS 网页的开发环境

编写 HTML 与 CSS 网页主要有以下两种方式：

（1）手工直接编写。

由于 HTML 页面文件是标准的 ASCII 文本文件，所以可以使用任何的文本编辑器来打开并编写 HTML 文件，如 Windows 系统中自带的记事本程序。

例 1-1 用记事本编写第一个 HTML 页面。

```
01    <html>
02    <head>
03        <title>第一个 HTML 页面</title>
04    </head>
05    <body>
06        <h1>HTML 与 CSS 前台页面设计</h1>
07    </body>
08    </html>
```

代码编写完成后，执行记事本程序中的"文件"|"保存"命令，弹出"另存为"对话框。在其中选择存盘的文件夹，然后在"保存类型"中选择"所有文件"，在编码中选择 ANSI，这里将"文件名"设置为 1-1.html，然后单击"保存"按钮。

关闭记事本后，回到存盘的文件夹，双击 1-1.html 文件，可以在 Internet Explorer 浏览器中看到 HTML 页面的浏览效果。

（2）使用可视化软件。

FrontPage 和 Dreamweaver 是最常用的 HTML 页面可视化制作工具。HTML 页面可视化制作工具的优点是直观、使用方便、容易上手，在这种编辑器中可以直接编辑网页，编辑器会自动生成相应的 HTML 代码。

Dreamweaver 在做 HTML 页面设计时非常有用，它是美国 Adobe 公司开发的集网页制作和管理网站于一身的所见即所得网页编辑器，是第一套针对专业网页设计师特别发展的可视化网页开发工具，利用它可以轻而易举地制作出跨越平台限制和跨越浏览器限制的充满动感的网页。Dreamweaver 的开发窗口如图 1-1 所示，可以看到代码视图和设计视图可以同时显示，所以说 Dreamweaver 是所见即所得的网页编辑器。

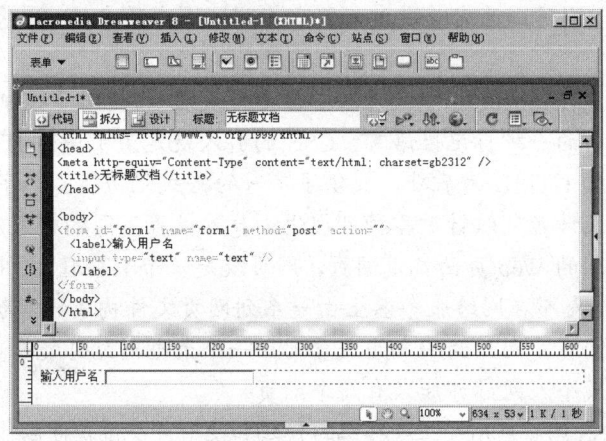

图 1-1　Dreamweaver 开发窗口

如果需要结合 Web 应用程序开发，Visual Studio.NET 与 MyEclipse 则是最好的 HTML 页面可视化制作工具。Visual Studio.NET 与 MyEclipse 都是专业的 Web 应用程序开发工具，同时它们也都提供了功能完善的 HTML 页面可视化制作工具。如果需要开发一个 Web 应用程序而不是仅仅设计一个美观的 HTML 页面，那么 Visual Studio.NET 与 MyEclipse 是最佳的选择。如图 1-2 所示是 Visual Studio.NET 的开发窗口。

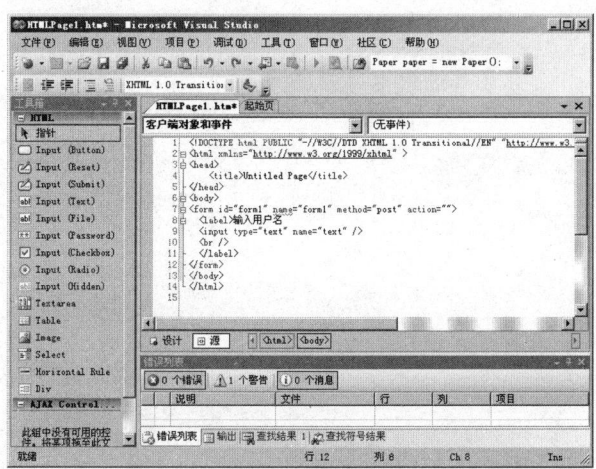

图 1-2　Visual Studio.NET 开发窗口

值得注意的是，HTML 页面可视化制作工具并不是万能的，使用可视化工具制作的 HTML 页面难以精确达到与浏览器完全一致的显示效果。也就是说，在所见即所得的网页编辑器中制作的网页放到浏览器中是很难完全达到真正想要的效果的，这一点在结构复杂一些的网页中便可以体现出来。事实上 HTML 页面可视化制作工具结合手工编写 HTML 代码才是制作网页的最佳方式。

本章小结

HTML 是 Hypertext Markup Language 的缩写，即超文本标记语言，它是用于创建可跨平台的超文本文档的一种简单标记语言。HTML 不仅描述文本，而且对网页中的图像、声音等各种元素都可以描述，同时因为它是通过标记来指明网页中的文档、图像、声音等各种元素如何显示的。

CSS（Cascading Style Sheet），中文译为"层叠样式表"，是用于控制网页样式并允许将样式信息与网页内容分离的一种标记性语言。CSS 的引入就是为了使得 HTML 能够更好地适应页面的美工设计。它以 HTML 为基础，提供了丰富的格式化功能，如字体、颜色、背景、整体排版等，并且网页设计者可以针对各种可视化浏览器设置不同的样式风格。

通过浏览器所看到的 Web 页面就是网页，网页就是一个 HTML 文件，而浏览器是用来解读这份文件的。网站是发布在网络服务器上由一系列网页文件构成的，为访问者提供信息和服务的网页文件集合。网页是网站的基本组成要素，一个大型网站可能含有数以百万计的网页，而一个小的企业网站或个人网站可能只有几个网页。

编写 HTML 与 CSS 网页可用手工直接编写代码和使用可视化软件制作页面两种方式完成。

习题一

1. 什么是 HTML，HTML 语言的作用是什么？
2. 什么是 CSS，CSS 与 HTML 有哪些区别与联系？
3. 什么是 URL，URL 在 Internet 中起什么作用？

第 2 章　HTML 基础

 本章导读

本章首先介绍 HTML 代码的组成结构以及各个标记之间的关系，然后介绍 HTML 文档如何在浏览器中应用，重点介绍各标记的属性应用，特别注意头部标记和主体标记的运用，这些标记并不能在 Web 页面中产生动人效果，而是告诉浏览器如何解析文档的重要信息。

 本章要点

- HTML 文档结构
- HTML 文档标记属性
- 头部标记及其属性
- 主体标记及其属性

2.1　HTML 代码的结构

2.1.1　HTML 代码的组成

1. 标记

HTML 用于描述功能的符号称为"标记"，如<html>、<body>、<table>等。标记在使用时必须用方括号 "< >" 括起来，而且是成对出现，无斜杠的标记表示该标记的作用开始，有斜杠的标记表示该标记的作用结束。如<table>表示一个表格的开始，</table>表示一个表格的结束。在 HTML 中，标记的大小写作用相同，如<TABLE>和<table>都是表示一个表格的开始。

2. 特殊字符

由于方括号和英文双引号被用来提示 HTML 的标记及参数值，那么在网页中要显示方括号和英文引号则只能用其他的符号来代替，关于这些特殊字符的具体介绍请参见第 5 章的内容。

3. 语法

一个标记，为了明确它的功能，往往用一些属性参数来描述，对这些属性参数的规定就是所谓的语法，例如段落标记<p>，它的语法格式是：

这就说明<p>标记有两个属性参数，即 align 和 class，其中 align 用于定义段的位置是靠左、靠右还是居中，默认值是靠左，而 class 则是定义所属的类型。在实际应用时当然可以没有 align 和 class 参数，按照默认情况显示，这一点非常重要，这是判断无用代码的主要标准之一，假如在网页代码中有对默认值进行描述设置的语句代码，显然是无用的代码。另外，在设置标记

的属性值时，若是取默认值不影响效果或影响很少，就尽量取默认值，这样可以不用设置，从而达到减少代码的目的。标记参数具体的值都要加西文引号，例如要使段落内容居中，正确的写法是这样的：

```
<p align="center">段落内容居中示例</p>
```

2.1.2　注释与空白符

1．注释

HTML 注释是一种文本内容，出现在 HTML 源文档中，但浏览器并不显示他们，在源代码适当的位置添加注释是很好的习惯，一旦代码过长很可能连编写者最后都会产生混淆，适当的注释有助于对源代码的理解。同时，这样做的好处还有很多，如方便查找、方便比对、方便项目组里的其他程序员了解代码，而且可以方便以后对自己代码的理解与修改等。

对于注释来说，最大的区别就是 HTML 不允许对它进行嵌套。有如下两种注释方式：

注释方法 1：

```
<!---注释--->
```

注释方法 2：

```
<comment>…</ comment>
```

功能：定义注释。

例 2-1　使用两种表示方法都可以代表注释语句。

```
01 <!--2-1.html-->
02 <html>
03 <head>
04 <title>注释语句</title>
05 </head>
06 < body>
07 <comment>注释语句</comment>
08 这是一本 html 书籍
09 <!--注释语句-->
10 </body>
11 </html>
```

2．空格符

在 HTML 页面中空格符并不具有调整间距的功能（连续出现多个空格符时，仅第一个空格符有效），若要正确地使用空格符，请改用 HTML 空格符才能完成空格符的功能。空格符号是通过代码控制的。

基本语法：

功能：定义空格符。

例 2-2　在页面中输入空格符号。

```
01 <!--2-2.html-->
02 <html>
03 <head>
04 <title>空格符</title>
05 </head>
06 <body>
   这 本书   真的      很不错       
07 </body>
08 </html>
```

2.1.3　标记的嵌套

在大多数情况下，标记必须被放置在其他标记内部，这个过程被称为嵌套标记，必须先结束最靠近嵌套标记内容的标记，再按照由内及外的顺序依次进行。虽然大多数浏览器并不会绝对按照这个标准去做，但是最好遵守。不合理的嵌套可能在一个甚至所有浏览器中通过，但是如果浏览器的新版本不再允许这种违反标准的做法，那么修改源代码 HTML 文档就非常繁琐了。现在使用<strong>元素来加重显示文本：

　　　　<p><strong>My name is Mary.</strong></p>

<strong>标记嵌套在段落标记（<p></p>）之中，而不是其他方式。这是因为该段落是格式应用的父元素。段落还可以添加另一个元素（<em></em>），变为加重斜体显示，例如：

　　　　<p><strong><em>My name is Mary.</em></strong></p>

这个例子中，因为<strong>和<em>标记处于同一层次，所以两个标记的顺序可以颠倒。但是，必须总是以相反的顺序关闭嵌套的顺序，就像在前一个代码块中那样，否则一些浏览器可能无法按照预想显示文档。例如，应该避免以下代码：

　　　　<p><strong><em>My name is Mary. </strong> </em></p>

如前所述，在 HTML 中关闭标记是一个良好的习惯——即使这不是所有元素都要求的，但是这方面的马虎可能引起错误。请看如下代码：

　　　　<p><strong><em>My name is Mary. </strong> </p>

这里，强调元素没有关闭，意味着页面上后续的文本内容可能都以斜体显示，因此要关闭所有标记。

2.1.4　标准属性

HTML 标记可以拥有属性。属性提供了有关 HTML 元素的更多信息。属性总是以名称="值"的形式出现。比如 name="form1"，其中 name 就是属性名，form1 就是属性值。属性值总是在 HTML 元素的开始标记中指定。关于标记和属性有以下一些说明：

（1）HTML 标记是用来标记 HTML 元素的。

（2）HTML 标记被"<"和">"符号包围。

（3）HTML 标记是成对出现的，例如 <p> 和 </p>。

（4）位于起始标记和终止标记之间的文本是元素的内容。

（5）HTML 标记对大小写不敏感，<b> 和 <B> 的作用是相同的。

2.1.5　XHTML

HTML 与 XHTML 之间的不同点不多，但是很重要，而且这些不同主要是因为浏览器显示 HTML 的方法不一致而引起的。XHTML 比 HTML 严格，而且有更多的规则，这更容易学习。不需要担心使用大小写标记或者是否要求关闭这些问题，每个情况下都有必须遵守的规则。下面讲述一下 XHTML 的专有规则。

所有标记和属性的名称必须使用小写字母并且总是必须关闭，因此以下代码是不正确的：

　　　　<p> My name is Mary.

上面一行应该这样写：

　　　　<p> My name is Mary.</p>

和 HTML 不同，所有 XHTML 元素（包括 br、img、hr）都要求一个结束标记。在 XHTML

中，必须为
</br>，更常用的是像
这样的组合形式，在开始标记的最后放置一个斜杠后缀，中间是一个空格（现在这是一个象征性的惯例，最初是因为确保与旧浏览器兼容，如果没有这个空格，旧浏览器会忽略整个标记）。

2.2　HTML 网页的构成

2.2.1　HTML 网页结构

在进行 HTML 文件编写的时候，必须遵循 HTML 的语法规则。完整的 HTML 文档文件由标题、段落、表格等各种对象组成。

所有的 HTML 一般都包括有这个结构标记，如图 2-1 所示。

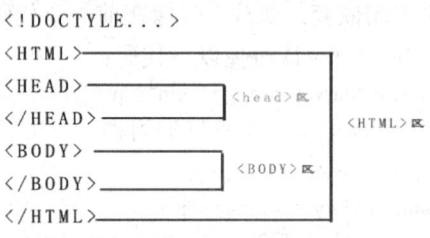

图 2-1　HTML 网页结构

2.2.2　HTML 标记及其属性

HTML 标记及其属性如表 2-1 所示。

表 2-1　标记及其属性

基本语法	属性	说明
<html>	dir	文本方向
含<head><body><frameset>等标记	lang	语言信息
</html>	version	定义当前文档使用的 DTD 信息

dir 属性指定了浏览器该用什么方向来显示包括在元素中的文本，将它用于标记中时，只决定那个标记中内容的显示方向。将它用于<html>标记中时，则决定了文本在整个文档中将以什么方向显示。

lang 属性如果包含在<html>标记中，则可以指定整个文档所使用的语言。如果在其他标记中，则此属性将指出那个标记内容中所使用的语言。

version 属性定义了用于创作文档的 HTML 标准的版本。

version="//W3C//DTD HTML 4.01//EN"

严谨的设计者应该使用 SGML 的<!doctype>标记来代替它，并把这个标记放在文档的最开始。

<!DOCTYPE HTML PUBLIC "-//W3C//DTD HTML 4.01 Transitional//EN"
"http://www.w3.org/TR/html4/loose.dtd">

1．<!DOCTYPE>标记

<!DOCTYPE....>标记向浏览器（和验证服务）说明文档遵循的 HTML 标准的版本。HTML 3.2 和 4.0 规范都要求文档输入此标记。因此需要将其放到所有的网页文档中，输入在文档的开头（IE 浏览器有一种默认机制，也可以打开没有此标记的 HTML 文档），例如：

```
<!DOCTYPE HTML PUBLC "-//W3C//DTD HTML 4.01 Transitional//EN"
"http://www.w3.org/TR/html4/loose.dtd ">
```

声明 HTML 版本为 W3C 指定的 4.01 版。

2．<html>标记

HTML 标记放置于 HTML 文件的头尾，它的作用是告诉浏览器这个文件是 HTML 文件。<html>标记表示该文档为 HTML 文档。技术上，这个标记在<!DOCTYPE...>标记之后显得多余，但对不支持<!DOCTYPE..>标记的旧式浏览器，这个标记是必要的。能够帮助人们阅读 HTML 代码。<html>由开始标记与结束标记组成。开始标记位于<!DOCTYPE..>的后面。

如以下代码：

```
<!DOCTYPE HTML PUBLIC "-//W3C//DTD HTML 4.01 Transitional//EN"
"http://www.w3.org/TR/html4/loose.dtd">
<html>
<head>>
</head>
<body>
</body>
</html>
```

2.2.3　head 标记及其属性

<head>标记用来封装其他位于文档头部的标记。把该标记放在文档的开始处，紧跟着在<html>标记后面并位于<body>标记或<frameset>标记之前。<head>标记一般在<html>标记和<body>标记的中间，用来定义一些头部说明。<head>标记中包含文档的标题、文档使用的脚本、样式定义和文档名信息。浏览器希望从<head>中找到文档的补充信息。此外，<head>标记还可以包含有搜索工具和索引程序所要的其他信息的标记。<head>位于<html>间。

如以下代码：

```
<!DOCTYPE HTML PUBLIC "-//W3C//DTD HTML 4.01 Transitional//EN"
"http://www.w3.org/TR/html4/loose.dtd">
<html>
<head>>
</head>
</html>
```

下面介绍的所有代码都是在<head>...</head>之间标记属性。

1．<title>

标题元素，帮助用户更好地识别文件，有且只有一个。当作为首页或收藏时用作文件名。<title>是 HTML 4.0 规范要求的。它包含文档的标题。它不显示在浏览器窗口中，只显示在浏览器标题栏中。在起始标记（<title>）和结束标记（</title>）间可以放入对文档内容的简要介绍。<title>标记用来定义这个 HTML 文档的标题，让浏览者访问网页时能够一下子明白网页的相关内容。它将显示在浏览器的左上方。

例 2-3　<title>标记的应用实例。

```
01 <!--2-3.html-->
02    <html>
```

```
03    <head>
04    <title>HTML 教程</title>
05    </head>
06    <body>
07    </body>
08    </html>
```

文件说明：第 3 行显示页面标题，如图 2-2 所示。

图 2-2 显示页面标题

2. <base>

<base>标记可以设定 URL 地址，常用来设定浏览器中文件的绝对路径。在文件中只需写下文件的相对位置，在浏览器中浏览时这些位置会自动附在绝对路径后面，成为完整的路径。在文档中所有的相对地址形式的 URL 都是相对于这里定义的 URL 而言的。一篇文档中的 <base>标记必须放在头部，不能多于一个，并且应该在任何包含 URL 地址的语句之前。链接的目标窗口属性如表 2-2 所示。

表 2-2 链接的目标窗口属性

属性值	描述
_parent	在上一级窗口中打开。一般使用分帧的框架页会经常使用
_blank	在新窗口中打开
_self	在同一个帧或窗口中打开，这项一般不用设置
_top	在浏览器的整个窗口中打开，忽略任何框架

例 2-4 <base>标记的应用实例。

```
01    <!--2-4.html-->
02    <html>
03    <head>
04    <title>基底网址标记</title>
05    <base href="http://www.sohu.com" target="_blank">
06    </head>
07    <body>
08    <a href="../">sohu</a>
```

```
09    </body>
10    </html>
```

文件说明：第 8 行设定的基底网址是http://www.sohu.com，在新窗口中打开，第 11 行设定的是检测基底网址的标记。

3. <basefont>

<basefont>标记可以设定基准的文字字体、字号和颜色，当遇到页面中其他相关标记未定义文字或段落的样式时，将套用基准的文字样式。<basefont>标记的属性如表 2-3 所示。

表 2-3　<basefont>标记的属性

属性	描述
face	字体
size	字号
color	颜色

例 2-5　<basefont>标记的应用实例。

```
01    <!--2-5.html-->
02    html>
03    <head>
04    <title>基底文字</title>
05    <basefont face="宋体" size="10" color="red">
06    </head>
07    <body>
08    这本书真的很好<br>
09    </body>
10    </html>
```

文件说明：第 4 行设定的基底字体是宋体、10 号字、红色，第 7 行是未设置样式的文字。

4. <meta>

<meta>标记的功能是定义页面中的信息，这些文件信息并不会出现在浏览器页面的显示之中，只会显示在源代码中。<meta>标记通过属性来定义文件信息的名称、内容等。它是实现元数据的主要标记，能够提供文档的关键字、作者、描述等多种信息，在 HTML 的头部可以包括任意数量的<meta>标记，如表 2-4 所示。

表 2-4　<meta>标记的属性

属性	描述
http-equiv	生成一个 HTTP 标题域，它的取值与另一个属性相同，例如 HTTP-EQUIV=Expires，实际取值由 CONTENT 确定
name	如果元数据是以关键字/取值的形式出现的，NAME 表示关键字，如 Author 或 ID
content	关键字/取值的内容

<meta>标记的常见功能：

- 帮助主页被各大搜索引擎登录
- 定义页面的使用语言
- 自动刷新并指向新的页面
- 实现网页转换时的动画效果

- 网页定级评价
- 控制页面缓冲
- 控制网页显示的窗口

<meta>是用来在 HTML 文档中模拟 HTTP 协议的响应头报文。设定<meta>元信息标记详见后面章节。

5. <link>

设定外部链接。显示本文档和其他文档之间的关系：<link rel="stylesheet" href="s.css">和外部样式表的链接。

rel 说明 html 文件和 url 两文档之间的关系，href 说明文档名。设定外部文件的链接详见后面章节。

6. <style>

设定 CSS 层叠样式表的内容。可以在文档中包含风格页。文档本身的内部样式详见后面章节。

7. <script>

设定页面中程序脚本的内容，用于包含的脚本（一系列脚本语言写的命令）可以是 JavaScript 或 VBScript，详见后面章节。

2.2.4 body 标记及其属性

<body>标记界定了文档的主体，在<body>标记里，可以定义网页的背景色、文字、图片、表格、表单链接等的颜色，甚至可以调入一些程序执行，在<body>和</body>之间是网页的主要内容，是直接呈现给页面浏览者的部分，<body>标记中放置了要在访问者浏览器中对显示信息修饰的所有标记和属性。

表 2-5   < body >标记的属性

属性	描述
text	设定页面文字的颜色
bgcolor	设定页面的背景颜色
background	设定页面的背景图像
bgprorerties	设定页面的背景图像为固定，不随页面的滚动而滚动
link	设定页面默认的链接颜色
alink	设定鼠标正在单击时的链接颜色
vlink	设定访问过后的链接颜色
topmaggin	设定页面的上边距
leftmargin	设定页面的左边距

1. 文字颜色属性 text

text 属性可以让页面文字颜色改变，如果没有单独对特定文字进行处理，那么这个属性将对页面中所有的文字产生作用。

基本语法：

```
<body text=color_value>
```

例 2-6　文字颜色属性实例。

```
01  <!--2-6.html-->
02  <html>
03  <head>
04  <title>页面文字颜色</title>
05  </head>
06  <body text="ff0033">
07  <center>
08  <h2>文字颜色为红色</h2>
09  </center>
10  </body>
11  </html>
```

文件说明：第 5 行 text 属性设定文字颜色，color_value 指的就是颜色的值。

2. 背景颜色属性 bgcolor

bgcolor 属性用来设定整个页面的背景颜色，运用颜色名称或者十六进制值来显示效果。

基本语法：

```
<body bgcolor=color_value>
```

例 2-7　背景颜色属性实例。

```
01  <!--2-7.html-->
02  <html>
03  <head>
04  <title>背景颜色</title>
05  </head>
06  <body  bgcolor="# ff0033" text="#ffffff">
07  <center>
08  <h2>背景颜色为深红色，文字的颜色为白色</h2>
09  </center>
10  </body>
11  </html>
```

文件说明：第 5 行 bgcolor 属性设定页面背景颜色为# FF0033（深红色），文字颜色为 #FFFFFF（白色）。

3. 背景图像属性 background

background 属性需要的值是一个图像的 URL，浏览器会自动在水平和垂直方向上重复该图像来填满整个窗口，它和向网页插入图片不同，放在网页的最底层，文字和图片等都位于它的上面，文字、插入的图片等会覆盖背景图片。

基本语法：

```
<body Background="img_file_url" >
```

例 2-8　背景图像属性实例。

```
01  <!--2-8.html-->
02  <html>
03  <head>
04  <title>页面的背景图像</title>
05  </head>
06  <body background=" winter.jpg " text=" ff0033">
07  <center>
08  <h2>页面的背景图像，文字的颜色为红色</h2>
09  </center>
10  </body>
11  </html>
```

文件说明：第 5 行设定页面背景图像为 winter.jpg，文字颜色为 FF0033 红色。

4. 背景图形固定属性 bgprorerties

IE 和 Netscape Navigator 都支持 bady 标记的 bgprorerties 属性，但是 bgprorerties 属性只有与 background 属性一起使用时才有效，如果页面内容较长，当拖动浏览器的滚动条时，背景会随着文字内容的滚动而滚动，然而背景图像固定，是指不论浏览器的滚动条如何拖动，背景都永远固定在相同的位置，不会随着文字的滚动而滚动。

基本语法：

```
<body Background="img_file_url" bgprorerties=fixed>
```

例 2-9　背景图形固定实例。

```
01   <!--2-9.html-->
02   <html>
03   <head>
04   <title>背景图像固定</title>
05   </head>
06   <body background="winter.jpg" text=" ff0033"  bgproperties=fixed>
07   <center>
08   <h2>设定页面的背景图像，文字的颜色为红色 页面的背景图像固定</h2>
09   不论浏览器的滚动条如何拖动<br>
10   背景都永远固定在相同的位置<br>
11   并不会随着文字滚动而滚动<br>
12   </center>
13   </body>
14   </html>
```

文字说明：第 5 行设定页面背景图像为 winter.jpg，文字颜色为 FF0033（红色），设定背景的属性为固定。

5. 链接文字颜色属性 link、vlink、alink

<body>标记的 link、vlink 和 alink 属性控制着文档中超链接文本（<a>标记）的颜色。所有这 3 种属性与 text 和 bgcolor 属性一样，都接受将颜色指定为一个 RGB 组合或颜色名的值。link 属性决定用户还没有单击过的所有超链接的颜色；vlink 属性设置用户已经单击过的所有链接的颜色；alink 属性则定义激活链接文本时的颜色。

基本语法：

```
<body   link=color_value   alink=color_value   vlink=color_value >
```

例 2-10　链接文字颜色属性实例。

```
01   <!--2-10.html-->
02   <html>
03   <head>
04   <title>文字的链接颜色</title>
05   </head>
06   <body bgcolor="#336699" text="#ffffff" link="#ff0000">
07   <center>
08   <h2>不同的链接颜色</h2>
09   <a href="http://www.sohu.com./">默认的链接颜色</a>
10   </center>
11   </body>
12   </html>
```

文件说明：第 5 行页面背景颜色为深蓝，文字颜色为白色，默认链接的颜色为红色。

6. 上边距属性 topmargin

定义页面的上边距是指内容和浏览器上部边框之间的距离，设定合适的上边距可以让页面的布局排版更美观。

基本语法：

    <body topmargin ="VALUE">

例 2-11 上边距属性实例。

```
01    <!--2-11.html-->
02    <html>
03    <head>
04    <title>页面的上边距</title>
05    </head>
06    <body topmargin="50">
07    <p>页面的上边距为 50 像素</p>
08    </body>
09    </html>
```

文件说明：第 5 行设定页面的上边距为 50 像素。

7. 左边距属性 leftmargin

定义页面的左边距是指内容和浏览器左侧边框之间的距离，设定合适的左边距可以让页面的布局排版更美观。

基本语法：

    <body leftmargin ="VALUE">

例 2-12 左边距属性实例。

```
01    <!--2-6.html-->
02    <html>
03    <head>
04    <title>页面的左边距</title>
05    </head>
06    <body leftmargin="50">
07    <p>页面的左边距为 50 像素</p>
08    </body>
09    </html>
```

文件说明：第 5 行设定页面的左边距为 50 像素。

2.3 HTML 网页的浏览与测试

2.3.1 利用 IE 与 Firefox 浏览 HTML 网页

1. 利用 IE 浏览 HTML 网页

每个不同的公司有不同的浏览器，使用浏览器最核心的功能就是查看编写的 HTML 代码文件效果，并查看网站页面的源代码，由于现在已经很少有人使用 Netscape 浏览器，所以都使用 IE 浏览器来显示效果。

（1）查看页面效果。打开 IE 浏览器后，查看编写完了的页面，按以下步骤操作：选择"文件"|"打开"命令，然后单击"浏览"按钮查找硬盘中存放的网页文件，然后单击"打开"按钮，浏览器就能够显示编写网页的页面效果了。

（2）查看源文件。如果看到一个制作精美的网站页面，也可以通过 IE 浏览器去查看页面的源代码。步骤如下：

1）打开浏览器，在地址栏中输入地址，如 http://www.sohu.com，回车，页面显示出来搜狐首页页面。

2）选择浏览器中的"查看"→"源文件"命令，这样就打开记事本显示出了页面源文件代码。

2．Mozilla Firefox

Mozilla Firefox（缩写为 Fx），中文名为火狐，是由 Mozilla 基金会（谋智网络）与开源团体共同开发的网页浏览器。Firefox 是从 Mozilla Application Suite 派生出来的网页浏览器，从 2005 年开始，每年都被媒体 PC Magazine 选为年度最佳浏览器。根据 Net Applications 的统计，Firefox 全世界的浏览器市场份额突破 24.6%，仅次于 Internet Explorer。Firefox 单独为中国推出了 G-fox 火狐中国版，增加了一系列特色插件。

火狐 3.6 内置支持 Personas 皮肤，支持 CSS、DOM 和 HTML 5，以及全屏视频播放和开放源代码的"Web 开放字体格式"。另外，火狐 3.6 还增添了一项新的安全功能，可以检查 FlashPlayer 和 QuickTime 等插件版本，确保它们是最新版本，屏蔽存在安全问题的插件，并提醒用户更新插件。备受期待的进程外插件功能（Out-Of-Process-Plug-in）可以防止因 Adobe Flash、苹果 QuickTime 或微软 Silverlight 崩溃而拖垮整个浏览器。从 Mozilla 公布的漏洞列表可以看出，Firefox 3.6.4 主要修复了与 OOPP（进程外插件）相关的漏洞，包括了 12 个危机级漏洞。

3．标记页浏览

Firefox 支持的标记页浏览是指可以在一个窗口开启多个页面，这个功能继承自Mozilla Application Suite，也成为 Firefox 的著名特色。Firefox 也允许使用者在首页中使用"|"作为分隔符号，在启动时自动在多个分页中开启设置的首页，让使用者不只可以设置一个首页。而 Firefox 2 更加强了标记页浏览的功能，包括了更容易使用、更清楚的分页标记，"撤消浏览状态"可以让遭遇当机后重新开启当机前的分页，"撤消最近关闭的分页"可以恢复不小心关闭的分页。Firefox 浏览器界面如图 2-3 所示。

图 2-3　Firefox 浏览器

2.3.2　利用 Firebug 测试 HTML 网页

Firebug 是 Joe Hewitt 开发的一套与 Firefox 集成在一起的功能强大的 Web 开发工具，可以实时编辑、调试和监测任何页面的 CSS、HTML 和 JavaScript。

1．安装

Firebug 是与 Firefox 集成的，所以首先要安装的是 Firefox 浏览器。安装好浏览器后，打开浏览器，选择"工具"→"附加软件"命令，在弹出的窗口中单击右下角的"获取扩展"链接，在打开的页面的 search 输入框中输入 firebug。等搜索结果出来后单击 Firebug 链接，进入Firebug 的下载安装页面。

2．开启或关闭 Firebug

单击 Firebug 的图标或者按 F12 键会发现页面窗口被分成了两部分，上半部分是浏览的页面，下半部分是 Firebug 的控制窗口。如果不喜欢这样，可以按 Ctrl+F12 组合键或在前面操作后单击右上角的上箭头按钮，弹出一个新窗口作为 Firebug 的控制窗口。

3．Firebug 主菜单

单击功能区最左边的臭虫图标可以打开主菜单，如图 2-4 所示。

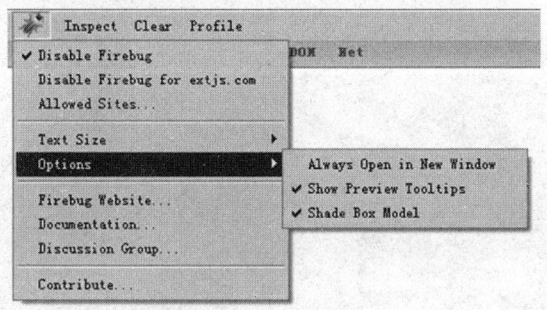

图 2-4　Firebug 主菜单

通过以后所要学到的大量源代码来进一步验证 Firebug 测试 HTML 网页的强大能力，所以会在之后的章节中按照 Firebug 要求测试 HTML 页面是否存在问题。

2.4　综合实例

请用本章所学的知识完成下面页面的设计。

设计的要求：

（1）<body>标记的 link、vlink 和 alink 属性控制着文档中超链接文本的颜色。

（2）要求用到本章所学的各种链接文字颜色属性。

（3）设定页面的背景颜色为深蓝色，文字颜色为白色。link 属性设置默认链接颜色为红色，alink 属性设置正在单击的链接颜色为绿色，vlink 属性设置单击过后的链接颜色为灰色。

基本语法：

```
<body  link=color_value  alink=color_value  vlink=color_value >
```

以上页面效果的源代码如下：

```
<html>
<head>
<title>页面文字的链接颜色</title>
</head>
<body bgcolor="#336699" text="#ffffff" link="#ff0000" alink="#00ff00"vlink="#cccccc">
<center>
```

```
<h2>设定不同的链接颜色</h2>
<a href="http://www.sina.com.cn/index.htm">默认的链接颜色</a>
<p>
<a href="http://www.yahoo.com.cn">正在单击的链接颜色</a>
<p>
<a href="http://www.sohu.com">访问过后的链接颜色</a>
</center>
</body>
</html>
```

链接效果如图 2-5 所示。

图 2-5　链接效果

 本章小结

　　本章介绍了 HTML 文档如何在浏览器中应用。网页设计者通常在编写第一个 HTML 文档之前，不需要花费太多的时间学习详细的语法，因为简单的 HTML 页面很容易编写。学会本章的基本编写方法后，设计者即可在很短的时间内创造出优秀的网页页面。

　　在进行 HTML 文件编写的时候，必须遵循 HTML 的语法规则。顶级信息向浏览器提供关于文档特性的信息，例如所用 HTML 的版本、文档的介绍性信息的标题等。结构标记虽然也是 HTML 文档的一部分，但大部分不显示在浏览器窗口中，而是在后台工作，指示浏览器要放哪些元素和如何显示这些元素。

 习题二

一、选择题

1. 用 HTML 标记语言编写一个简单的网页，网页最基本的结构是（　　）。

　　A．<html> <head>…</head> <frame>…</frame> </html>

　　B．<html> <title>…</title> <body>…</body> </html>

C．<html> <title>…</title> <frame>…</frame> </html>

D．<html> <head>…</head> <body>…</body> </html>

2．以下标记符中，用于设置页面标题的是（ ）。

A．<title>   B．<caption>

C．<head>   D．<html>

3．以下标记符中，没有对应的结束标记的是（ ）。

A．<body>   B．

C．<html>   D．<title>

二、填空题

1．HTML 网页文件的标记是_____，网页文件的主体标记是_____，标记页面标题的标记是_____。

2．设置网页背景颜色为绿色的语句为_____。

3．在网页中插入背景图案（文件的路径及名称为/img/bg.jpg）的语句是_____。

1．自己设计一个简单页面效果

● 文字大小

● 颜色

● 字体

● 背景图片

技术要点：

（1）编写网页的 HTML 代码结构。

（2）主要涉及对主体标记及其属性的设置。

2．制作一个带有超链接的页面效果

● 默认文字链接效果

● 鼠标按下链接效果

● 单击过后链接效果

技术要点：

（1）3 种链接方式的关联。

（2）alink 与 vlink 的合理应用。

第 3 章　HTML 网页头部标记

前面介绍过，一个标准的 HTML 页面分为头部和主体两大部分，本章主要介绍出现在 HTML 页面头部的标记。头部中包含的标记主要描述了页面的标题、序言、说明等内容，这些标记本身不作为页面内容来显示，但有时会以其他形式表现出来，从而影响网页显示的效果。因此这些标记很重要，它们可以帮助服务器和网页设计者更好地管理页面。

- title 标记及其属性
- base 标记及其属性
- meta 标记及其属性
- link 标记及其属性
- style 标记及其属性
- script 标记及其属性

3.1　title 标记及其属性

<title>标记是一个页面标题标记。它将 HTML 文件的标题显示在浏览器的标题栏中，用以说明文件的用途。这个标记只能应用于标记<head>与</head>之间。

<title>标记的一般格式为：

　　　　<title >文件标题</title >

<title>标明该 HTML 文件的标题，是对文件内容的概括。一个好的标题应该能使读者从中判断出该文件的大概内容。文件的标题一般不会显示在文本窗口中，而以窗口的名称显示出来。每个文档只允许有一个标题。

例 3-1　显示页面标题。

```
01    <!--3.1.html-->
02    <html>
03    <head>
04        <title>这里是页面标题</title>
05    </head>
06    <body>
07    </body>
08    </html>
```

运行结果如图 3-1 所示。

图 3-1　<title>标记的使用

3.2　base 标记及其属性

<base>标记是一个基底网址标记，在 HTML 中是一个单标记。该标记用以改变文件中所有链接标记的参数内定值。它只能应用于标记<head>与</head>之间，并在所有带有 URL 地址的语句之前。使用<base>标记时，网页上的所有相对路径在链接时都将在前面加上基底网址。

<base>标记的一般格式为：

　　<base 属性=属性值 />

在 HTML 中，<base> 标记提供以下两种基本属性：

（1）href 属性。

该属性设定链接地址的前缀，规定页面链接的基准 URL。

如设定前缀的链接地址代码如下：

　　<base href="http://www.mangguo.org" />

若有以下链接代码：

　　<a href="/about">关于芒果</a>

当页面应用<base>标记之后，链接地址变为 http://www.mangguo.org/about。

（2）target 属性。

该属性设定文件显示的窗口，规定链接的页面打开方式。在 HTML 中，根据实际需要，可选新窗口（_blank）、原窗口（_self）、父窗口（_parent）、最外层窗口（_top）四种打开方式。例如，设定在原窗口打开链接：

　　<base target="_self" />

应用以上代码后，整个网页均在原窗口打开链接。

3.3　meta 标记及其属性

<meta>标记是元信息标记，在 HTML 中是一个单标记。该标记可重复出现在头部标记中，用来指明本网页的作者、网页制作工具、所包含的关键字，以及其他一些描述网页的信息。另一个作用就是创建 HTTP 响应头，以便让浏览器知道如何去处理这个网页。例如这个网页什么时候过期、隔多少时间自动刷新等。

<meta>标记的一般格式为：

　　< meta 属性=属性值>

下面介绍在 HTML 中< meta >标记提供的几个常用属性。

1. name 属性

name 属性为<meta>标记中的名称/值对提供了名称。通常情况下，可以自由使用对自己和源文档的读者来说富有意义的名称。name 属性常被用到的名称如表 3-1 所示。

表 3-1　name 属性常被用到的名称

名称	作用
keywords	为文档定义了一组关键字。某些搜索引擎在遇到这些关键字时，会用这些关键字对文档进行分类
generator	用以说明页面生成工具，即在源代码中可以设定网页编辑器的名称。这个名称不会出现在浏览器的显示中
discription	用以告诉搜索引擎所建站点的主要内容
author	用以告诉搜索引擎所建站点的制作者
copyright	用以设置说明网页的版权
robots	以表示所有的搜索引擎

2．http-equiv 属性

http-equiv 属性为<meta>标记中的名称/值对提供了名称，并指示服务器在发送实际的文档之前要传送给浏览器的文档头部包含名称/值对。

当服务器向浏览器发送文档时，会先发送许多名称/值对。虽然有些服务器会发送许多这种名称/值对，但是所有服务器都至少要发送一个 content-type:text/html。这将告诉浏览器准备接收一个 HTML 文档。http-equiv 属性常被用到的名称如表 3-2 所示。

表 3-2　http-equiv 属性常被用到的名称

名称	作用
Content-Type	用以说明网页制作所使用的文字，即 HTML 页面能够以不同的字符集来表示
Content-Language	用以说明网页制作所使用的语言
referesh	用以表示动作为刷新
Expires	用以设定网页的到期时间，一旦过期则必须到服务器上重新调用。需要注意的是必须使用 GMT 时间格式

3．content 属性

content 属性为<meta>标记提供了名称/值对中的值。content 属性始终要和 name 属性或 http-equiv 属性一起使用。

名称/值对中的值可以是任何有效的字符串，具体应用见以下各例。

（1）设定关键字。

如：

        <meta name="keywords"content="value" />

name 属性的值 keywords 表示定义关键字，content 属性值是关键字的具体内容，作用就是方便搜索引擎来搜索到此页面。

如：

        <meta name="keywords" content="工作室，平面，网页" />

就是定义一个网站的关键词是工作室、平面和网页，这样 baidu、google 等搜索引擎搜索该关键字时就可能搜索到该网页。

（2）设定页面描述、作者等信息。

如：

    <meta name="discription" content="描述内容" />

告诉搜索引擎本站点的主要内容。

如：

    <meta name="descripotion" content="这是一个平面网页设计工作室的网站，欢迎广大客户访问。">
    <meta name="author" content="作者姓名">

告诉搜索引擎本站点的制作者。

（3）设定字符集。

    <metahttp-equiv="content-type" content="text/html;charset=码值">

HTML 页面能够以不同的字符集来表示，如 GB、BIG5、gb2312 等就是几种不同的编码，在 charset 属性里面定义以后浏览器就能够以相应的内码来显示页面的内容。

如果 charset 设定的字符集不包含在浏览器里，那么浏览器就会自动弹出对话框提示用户要下载安装相应的语系。

（4）设定自动刷新与自动跳转。

    <meta http-equiv="referesh" content="时间值；url=url 地址">

refresh 表示动作为刷新，时间值就是刷新间隔的秒数，若是跳转，要加上跳转的 URL 地址，如：

    <meta http-equiv="refresh" content="8;URL=http://www.whtvu.com">

从以上内容可知，meta 是用来在 HTML 文档中模拟 HTTP 协议的响应头报文，并且元数据总是以名称/值的形式传递的。name 属性主要用于描述网页，对应于网页内容，以便于搜索引擎机器人查找、分类。

目前几乎所有的搜索引擎都使用网上机器人自动查找 meta 值来给网页分类。这其中最重要的是站点在搜索引擎上的描述（description）和分类关键词（keywords），所以应该给每页加一个 meta 值。

3.4　link 标记及其属性

<link>标记是关联标记，在 HTML 中是一个单标记，用于定义当前文档与 Web 集合中其他文档的关系，建立一个树状链接组织。<link>标记并不实际链接到文件中，只是提供链接该文件的一个路径。link 标记最常用的是用来链接 CSS 样式表文件。

<link>标记的一般格式为：

    <link 属性=属性值>

在 HTML 中，<link> 标记的几个常用属性如表 3-3 所示。

表 3-3　<link> 标记的常用属性

属性名	作用
href	设定需要加载的外部排版样式资源（CSS 文件）的地址。地址必须为 URL 格式，文件为路径文件名，若未指定路径，则与此 HTML 文件的路径相同
rel	设定链接的状态，描述了当前页面与 href 所指定文档的关系。该属性值通常为 stylesheet，表示定义一个外部加载的样式表
rev	设定反向链接的状态（rel 属性表示了从源文档到目标文档的关系，而 rev 代表从目标文档到源文档的关系。详细内容可参阅 HTML 手册）

属性名	作用
media	设定文档将显示在什么设备上，该属性值通常为 all 和 screen。all：用于所有表现媒体；screen：用于在屏幕媒体（如桌面计算机监视器）中表现文档
type	设定链接式样格式（Link Style Sheet）的参数。Casscading Style Sheets 必须设定为 text/css，而 JavaScript Style Sheets 设定为 text/javascript

<link>标记的应用如下：

（1）使用 link 调用外部样式表。

```
<link  rel="stylesheet"  href="http://paranimage.com/wp-content/themes/v5/style.css"  type="text/css"
media="screen" />
```

其中 href 是目标文档的 URL，type 则规定了目标 URL 的类型为 CSS，而 media 规定了文档将显示在屏幕上。

（2）使用 link 说明网页中的一些字体、字号、对齐方式等采用 global.css 样式表中定义的格式。

```
<link rel="stylesheet" rev="stylesheet" href="global.css" type="text/css" media="all">
```

global.css 文件内容如下：

```
Body{font-size:11pt:font-family:黑体}
```

可以在多个媒体中使用一个样式表，为此要提供应用此样表的媒体列表，各媒体用逗号分隔。

（3）在屏幕和投影媒体中使用一个链接样式表。

```
<link rel="stylesheet" type="text/css" href="visual-sheet.css" media="screen,projection"/>
```

3.5　style 标记及其属性

<style>标记是样式标记，在 HTML 中是一个双标记，用于为 HTML 文档定义样式信息。<style>元素位于 head 部分中。使用<style>标记，可以规定在浏览器中如何呈现 HTML 文档，几乎所有浏览器都支持<style>标记。

<style>标记的一般格式为：

```
<style 属性=属性值>样式内容</style>
```

在 HTML 中，<style> 标记的常用属性如下：

（1）type 属性：包含内容的类型。该属性是必需的，其值一般为 text/css。

（2）media 属性：媒体类型，设定文档将显示在什么设备上。该属性值通常为 all 和 screen。

● 　all：用于所有表现媒体。

● 　screen：用于在屏幕媒体（如桌面计算机监视器）中表现文档。

例 3-2　style 标记的应用。

```
01    <!--3.2.html-->
02    <html>
03    <head>
04    <title> style 标记的应用</title>
05    <style type="text/css">
06        h1 {color:red}
07        p {color:blue}
08    </style>
```

```
09    </head>
10    <body>
11    <h1>h1 标记红色字体</h1>
12    <p>p 标记蓝色字体.</p>
13    </body>
14    </html>
```

运行结果如图 3-2 所示。

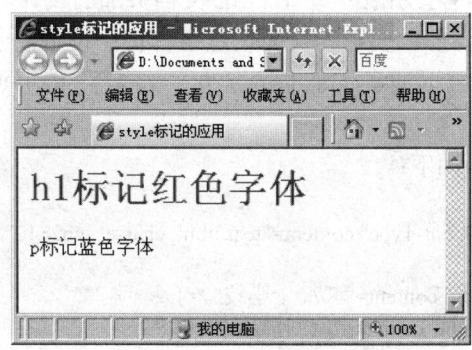

图 3-2　style 标记的应用

3.6　script 标记及其属性

<script>标记是脚本标记，在 HTML 中是一个双标记，用于为 HTML 文档定义客户端脚本信息。此标记可在文档中包含一段客户端脚本程序（客户端脚本程序能使文档更好地对客户端的事件作出反应，此标记可以位于文档中的任何位置，但常位于<head>标记内，以便于维护）。

<script>标记有以下两种用途：

（1）在页面中标识一段脚本代码。

例 3-3　在 HTML 页面中插入一段 JavaScript 代码。

```
01    <!--3.3.html-->
02    <head>
03        <script type="text/javascript">
04            document.write("Hello World!")
05        </script>
06    </head>
```

（2）加载一个脚本文件。

<script>标记的一般格式为：

< script 属性=属性值>脚本内容</ script >

在 HTML 中，<script> 标记的常用属性如下：

● type 属性：规定脚本的类型。
● defer 属性：规定是否对脚本执行进行延迟，直到页面加载为止。该属性只能在 Internet Explorer 中运行。
● src 属性：规定外部脚本文件的 URL。src 属性是可选的。如果存在 src 属性，它的值一般应是一个 URL 表示的.js 文件。当浏览器加载、编译与执行文件时，页面将停止装载与处理。<script src="url">与</script>之间不应有任何内容（保持空白）。

在 HTML 页面中加载一个脚本文件 js1.js 的代码如下：

```
01    <head>
02        <script type="text/javascript" src="js1.js"></script>
03    </head>
```

<h2 style="text-align:center">3.7 综合实例</h2>

本节将结合本章所学内容，介绍一个 HTML 文档头部的设计。

设计一个 HTML 文档头部，要求为页面设定字符集；设定便于搜索引擎搜索的关键字；设定一些描述网页的信息，告诉搜索引擎本站点的主要内容；能够调用外部样式表并在头部加载脚本文件。

其文档头部源程序代码如下：

```
<head>
<meta http-equiv="Content-Type" content="text/html; charset=gb2312" />
<title>学校首页 title>
<meta name="keywords" content="武汉 | 学校" />
<meta name="description" content="网站描述... " />
<link href="css/div.css" rel="stylesheet" type="text/css" />
<link href="css/txt.css" rel="stylesheet" type="text/css" />
<link href="css/indexShow.css" rel="stylesheet" type="text/css" />
<script type="text/javascript" src="js/time.js"></script>
<script type="text/javascript" src="js/flashobject.js"></script>
<script type="text/javascript" src="js/web.js"></script>
<link href="css/main.css" rel="stylesheet" type="text/css" />
</head>
```

文档头部源程序代码解释如下：

（1）<title>标记表明本页面标题为"学校首页"。

（2）第一个<meta>标记设定页面字符集为 gb2312，是元信息标记，第二个<meta>标记设定关键字为"武汉 | 学校"，便于搜索引擎搜索该关键字时就可以搜索到该网页。第三个<meta>标记设定一些描述网页的信息，告诉搜索引擎本站点的主要内容。

（3）四个<link> 标记都是用于调用外部样式表。

（4）三个<script> 标记分别加载了三个脚本文件。

HTML 头部标记是<head>，在头部标记<head>的下一层标记中主要有：

- 标题标记<title>
- 基底网址标记<base>
- 元信息标记<meta>
- 基链接标记<link>
- 定义文档样式标记<style>
- 定义客户端脚本标记<script>

这些标记主要用于设定页面的一些基本信息，如页面标题、简要描述网页内容、定义页面关键字、定义文档样式表、插入脚本语言程序等。一般来说，位于头部的内容都不会在网页上直接显示，而是通过浏览器内部方式起作用。

习题三

一、选择题

1. 以下标记符中，用于设置页面标题的是（　　）。

    A．<title>　　　　　B．<caption>　　　C．<head>　　　　　D．<html>

2. 若要在网页中插入样式表 main.css，以下用法中正确的是（　　）。

    A．<Link href="main.css" type=text/css rel=stylesheet>

    B．<Link Src="main.css" type=text/css rel=stylesheet>

    C．<Link href="main.css" type=text/css>

    D．<Include href="main.css" type=text/css rel=stylesheet>

3. 在 HTML 中，用于设置页面元信息的标记符是（　　）。

    A．<title>　　　　　B．< base >　　　　C．<head>　　　　D．< meta >

4. 在 HTML 中，可以在文档中包含一段客户端脚本程序的标记符是（　　）。

    A．< head >　　　　B．< base >　　　　C．< script >　　　D．< link >

二、填空题

1. 设置文档标题以及其他不在 Web 网页上显示的信息的开始标记符是_____，结束标记符是_____。

2. 使用<base>标记时，网页上的所有相对路径在链接时都将在前面加上_____。

3. 创建一个 HTML 文档标题的开始标记符是_____，结束标记符是_____。

4. 建立一个树状链接组织的关联标记是_____。

实　训

设计一个 HTML 文档头部，要求为页面设定字符集；设定便于搜索引擎搜索的关键字；设定页面描述、作者等信息；设定自动刷新与自动跳转；能够调用外部样式表并在头部加载脚本文件。

技术要点：

（1）使用<meta>标记，用来指明本网页的作者；设定字符集；设定便于搜索引擎搜索的关键字；设定页面描述、作者等信息；设定自动刷新与自动跳转。

（2）使用<link> 标记调用外部样式表。

（3）使用<script> 标记加载脚本文件。

第 4 章　HTML 网页主体与内容标记

本章导读

　　本章主要介绍 HTML 语言的标题与段落标记、文本格式中的常用标记以及<div>与<span>标记的使用方法，简要介绍了 HTML 语言中特殊字符的组成结构和使用方法。网页主体与内容标记是 HTML 网页中的基础内容，需要重点掌握。

本章要点

- 标题与段落标记的使用
- 文本格式标记的使用
- <div>与<span>标记的使用
- HTML 中特殊字符的使用

4.1　标题与段落标记的使用

4.1.1　h1、h2、h3、h4、h5 与 h6

　　一般文章都有标题、副标题、章和节等结构，HTML 中也提供了相应的标题标记<hn>，其中 n 为标题的等级，HTML 总共提供 6 个等级的标题，n 越小，标题字号就越大。

　　<hn>标记的一般格式为：

　　　　<hn color=属性值 align=属性值>标题</hn>　（n=1，…，6）

　　说明：<hn>的属性有 color、align，分别标识标题的颜色和位置（左、右、中间）。

　　例 4-1　显示 6 个等级的标题。

```
01    <!--4-1.html-->
02    <html>
03    <head><title>标题示例</title></head>
04    <body>
05    这是一行普通文字<P>
06    <h1>一级标题</h1>
07    <h2>二级标题</h2>
08    <h3>三级标题</h3>
09    <h4>四级标题</h4>
10    <h5>五级标题</h5>
11    <h6>六级标题</h6>
12    </body>
13    </html>
```

　　运行结果如图 4-1 所示。

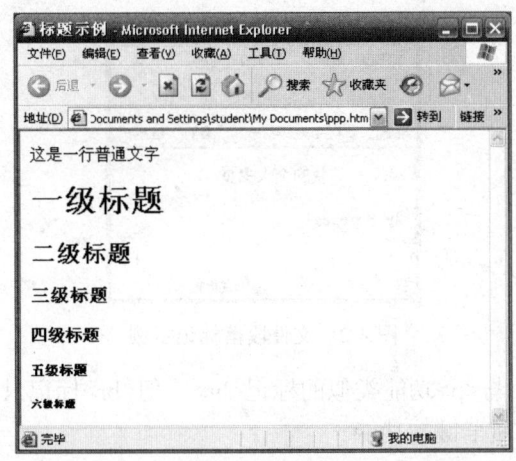

图 4-1　标题示例

从例 4-1 可以看出，每遇到一个标题时，当前段落就会被终止，标题前后会自动留出一定的空白，文本自动从下一行开始。由于 h 元素拥有确切的语义，请慎重选择恰当的标记层级来构建文档的结构。因此，请不要利用标题标记来改变同一行中的字体大小。相反，应当使用层叠样式表定义来达到漂亮的显示效果。

4.1.2　p

为了排列的整齐、清晰，文字段落之间常用<p></p>来作标记。<p>是 HTML 格式中特有的段落元素。在 HTML 格式里不需要在意文章每行的宽度，不必担心文字是不是太长了而被截掉，它会根据窗口的宽度自动转折到下一行。因此，在原始文件中的<p>指出在这里告一段落，下面的文字另起一段。如果没有遇到<p>这个符号，它就会把所有的文字都挤在一个段落里，不遇到窗口边界是不会换行的。段落标记里面可以加入文字、列表、表格等。文件段落的开始由<p>来标记，段落的结束由</p>来标记，</p>是可以省略的，因为下一个<p>的开始就意味着上一个<p>的结束。

<p>标记的一般格式为：

　　<p align=属性值>文本</p>

说明：<p>标记有一个常用属性 align，用来指明字符显示时的对齐方式，其值一般有 left（左）、center（中）、right（右）三种。

例 4-2　文件段落标记示例。

```
01    <!--4-2.html-->
02    <html>
03    <head>
04    <title>我的个人主页</title>
05    </head>
06    <body>
07    <p center >我的个人主页</p>
08    <P>
09    My Homepage
10    </body>
11    </html>
```

运行结果如图 4-2 所示。

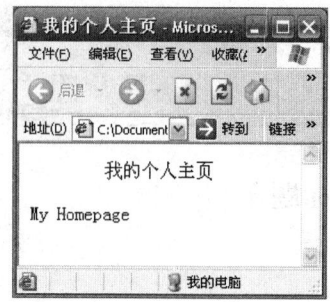

图 4-2　文件段落标记示例

在 HTML 中，有一个与<p>功能类似的标记
，但
标记只用来标识一个换行动作，相当于字处理文件中的按回车键的功能。

标记的格式为：

　　　文本

4.1.3　blockquote

<blockquote>标记可定义一个块引用。<blockquote>与</blockquote>之间的所有文本都会从常规文本中分离出来，经常会在左、右两边进行缩进，而且有时会使用斜体。也就是说，块引用拥有它们自己的空间。

<blockquote>标记的一般格式为：

　　　< blockquote cite=URL>文本</ blockquote >

说明：属性 cite 的值是被引用内容的 URL。

例 4-3　块引用示例。

```
01    <!--4-3.html-->
02    <html>
03    <body>
04    < blockquote cite=http://www.dreamdu.com/xhtml/>
05    <p>学习标准网页设计</p>
06    </ blockquote >
07    </body>
08    </html>
```

4.1.4　address

<address>可以定义一个地址（比如电子邮件地址），用它来定义地址、签名或文档的作者身份。

不论创建的文档是简短扼要还是冗长完整，都应该确保每个文档都附加了一个地址，这样做不仅为读者提供了反馈的渠道，还可以增加文档的可信度。

<address>标记的一般格式为：

　　　<address>文本</address>

例 4-4　假设作为某个公司用户服务的工作人员，其地址在源代码中通常如下所示，其中包括一个特殊的"mailto:"：

```
01    <!--4-4.html-->
02    <html>
03    <head>
04    <title>示例</title>
```

```
05    </head>
06    <body>
07    <address>
08    <a href="mailto:service@csscss.org">用户服务信箱</a><br />
09    武汉 xxxx 有限公司<br />
10    东湖开发区 168 号<br />
11    </address>
12    </body>
13    </html>
```

说明：认为大多数文档都应该把它们作者的地址包含在某个便于读者阅读的地方，通常是放在末尾。最起码，这个地址应该是作者或者网管的电子邮件地址或指向他们主页的链接。街道地址和电话号码是可选的，而出于隐私权方面的考虑，通常不会包括个人地址。

4.1.5　pre

<pre>标记可定义预格式化的文本。被包围在<pre>标记中的文本通常会保留空格和换行符，而文本也会呈现为等宽字体。<pre>标记的一个常见应用就是用来表示计算机的源代码。
<pre>标记的一般格式为：

```
<pre >
    文本块
</pre >
```

说明：

（1）一般情况下，HTML 文件中的文本是基于 HTML 标记重新格式化的，文本中任何额外的空白字符（空格、制表符、回车符等）都被浏览器忽略。但若使用<pre>…</pre>标记，任何被该标记括起来的空白字符都可出现在窗口的输出中，即文本可按照原始码的排列方式显示。

（2）可以导致段落断开的标记（如标题、<p>和<address> 标记）最好不要包含在<pre>所定义的块里。尽管有些浏览器会把段落结束标记解释为简单的换行，但是这种行为在所有浏览器上并不都是一样的。

（3）<pre>标记中允许的文本可以包括物理样式和基于内容的样式变化，还有链接、图像和水平分隔线。当把其他标记（如<a>标记）放到<pre>块中时，就像放在 HTML 文档的其他部分中一样即可。

例 4-5　预格式文本。

```
01    <!--4-4.html-->
02    <html>
03    <body>
04    <pre>
05    这是预格式文本。
06    它保留了      空格
07    和换行。
08    </pre>
09    <p>pre 标记很适合显示计算机代码：</p>
10    <pre>
11    for i = 1 to 10
12    print i
13    next i
14    </pre>
```

```
15      </body>
16      </html>
```

上面这段代码的显示效果如下：

```
这是预格式文本。
它保留了         空格
和换行。
pre 标记很适合显示计算机代码：
for i = 1 to 10
        print i
next i
```

4.2　文本格式标记的使用

4.2.1　em

标记<em>用来表示强调，其文本默认样式为斜体。

<em>标记的一般格式为：

```
<em>文本</em>
```

例 4-6　<em>标记示例。

```
01    <!--4-6.html-->
02      <html>
03    <head><title> em 标记示例</title></head>
04    <body>
05    <p>事业是<em>干</em>出来的，不是<em>吹</em>出来的。</p>
06    </body>
07    </html>
```

上面这段代码的显示效果如下：

事业是*干*出来的，不是*吹*出来的。

4.2.2　strong

标记<strong>把文本定义为语气更强的强调的内容，其文本默认样式为粗体。

<strong>标记的一般格式为：

```
< strong >文本</ strong >
```

例 4-7　<strong>标记示例。

```
01    <!--4-7.html-->
02    <html>
03    <head><title> strong 标记示例</title></head>
04    <body>
05    在< strong >学校  strong >学习。
06    </body>
07    </html>
```

4.2.3　cite

标记<cite>定义引用，可使用该标记对参考文献的引用进行定义，比如书籍或杂志的标题。

<cite>标记的一般格式为：

```
<cite    cite=属性值>文本</ cite >
```

说明：<cite>属性值表示引用的 URI。

例 4-8　<cite>标记示例。

```
01    <!--4-8.html-->
02    <html>
03    <head><title> cite 标记示例</title></head>
04    <body>
05    <cite   cite ="http://www.dreamdu.com/xhtml/>一步步的教我学 HTML 与 XHTML</cite >
06    </body>
07    </html>
```

4.2.4　i 与 b

<i>与<b>标记均是字体样式元素。<i>显示斜体文本效果，<b>呈现粗体文本效果。

<i>与<b>标记的一般格式为：

　　<i>文本</i>　<b>文本</b>

例 4-9　<i>与<b>标记示例。

```
01    <!--4-9.html-->
02    <html>
03    <head><title>字体样式</title></head>
04    <body>
05    <b>黑体字</b>
06    <i>斜体字</i>
07    </body>
08    </html>
```

4.2.5　big 与 small

<big>与<small>标记也是字体样式元素。<big>呈现大号字体效果，<small>呈现小号字体效果。

<big>与<small>标记的一般格式为：

　　<big>文本</big>　<small>文本</small>

例 4-10　<big>与<small>标记示例。

```
01    <!--4-10.html-->
02    <html>
03    <head><title>字体样式</title></head>
04    <body>
05    <big>大号字体</big>
06    < small >小号字体</ small >
07    </body>
08    </html>
```

4.2.6　tt

<tt>标记呈现类似打字机或者等宽的文本效果。

<tt>标记的一般格式为：

　　<tt>文本</ tt >

例 4-11　<tt>标记示例。

```
01    <!--4-11.html-->
02    <html>
03    <body>
04        <tt>文本字体</tt>
05    </body>
06    </html>
```

4.2.7　sup 与 sub

<sup>与<sub>标记均是用于数学公式、科学符号和化学公式中的标记。<sup>标记可定义上标文本，<sub>标记可定义下标文本。

<sup>与<sub>标记的一般格式为：

< sup >文本</ sup > < sub >文本</ sub >

说明：<sup>与<sub>标记中的文本内容将会以当前文本流中字符高度的一半来显示，但是与当前文本流中文字的字体和字号都是一样的。<sup>标记中的文本出现在当前文本流的上方，而<sub>标记中的文本出现在当前文本流的下方。

例 4-12　<sup>与<sub>标记示例。

```
01    <!--4-12.html-->
02    <html>
03    <body>
04    <p>X<sup>2</sup>+2X+1=0</p>
05    <p>H<sub>2</sub>O</p>
06    </body>
07    </html>
```

上面这段代码的显示效果如下：

X^2+2X+1=0

H_2O

4.2.8　q

<q>标记可定义一个短块的引用。

<q>标记的一般格式为：

<q>文本</q>

说明：<q>与<blockquote>的区别，<q>标记在本质上与<blockquote>是一样的。不同之处在于它们的显示和应用。<q>标记用于简短的行内引用。如果需要从周围内容分离出来比较长的部分（通常显示为缩进的块），请使用<blockquote>标记。

例 4-13　<q>与<blockquote>标记示例。

```
01    <!--4-13.html-->
02    <html>
03    <body>
04        这是长的引用：
05    <blockquote>
06    这是长的引用。这是长的引用。这是长的引用。这是长的引用。这是长的引用。这是长的
       引用。这是长的引用。这是长的引用。这是长的引用。这是长的引用。这是长的引用。
07    </blockquote>
08    这是短的引用：
09    <q>
10        这是短的引用。
```

```
11    </q>
12    <p>
13    使用 blockquote 元素的话，浏览器会插入换行和外边距，而 q 元素不会有任何特殊的呈现。
14    </p>
15    </body>
16    </html>
```

程序运行结果如图 4-3 所示。

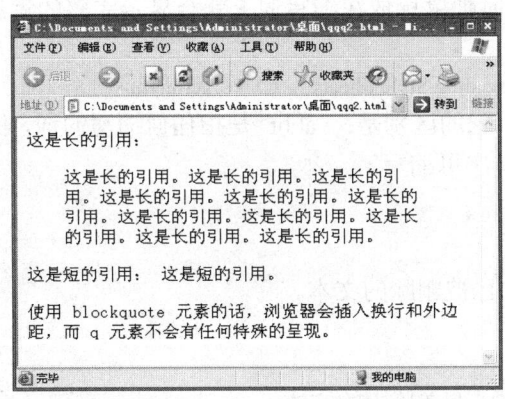

图 4-3　<q>与<blockquote>标记示例

4.2.9　dfn

<dfn>标记定义一个项目，可标记那些对特殊术语或短语的定义。现在流行的浏览器通常用斜体来显示<dfn>中的文本。

<dfn>标记的一般格式为：

　　<dfn>文本</dfn>

例 4-14　<dfn>标记示例。

```
01    <!--4-14.html-->
02    <html>
03    <body>
04        <dfn>北京</dfn>是一个地名，更是一种向往!
05    </body>
06    </html>
```

上面这段代码的显示效果如下：

　　*北京*是一个地名，更是一种向往!

4.2.10　abbr 与 acronym

<abbr>标记表示一个缩写形式，用于表示 Web 页面上的简称。<abbr>标记最初是在 HTML 4.0 中引入的，表示它所包含的文本是一个更长的单词或短语的简写形式。浏览器可能会根据这个信息改变对这些文本的显示方式或者用其他文本代替。

<abbr>标记的一般格式为：

　　< abbr title="文本">文本简称</abbr>

说明：title 属性值为"文本"用来指出"文本简称"的原词或原短语。title 属性与<title>标记不同（<title>标记在文档中只能出现一次），它可以为文档中任意多个标记指定参考信息。

例如：

<abbr title="etcetera">etc.</abbr>

<acronym>标记可定义只取首字母缩写，比如"Cascading Style Sheets"。首字母缩写成"CSS"。

<acronym>标记的一般格式为：

< acronym title="文本">文本首字母缩写</ acronym>

说明：title 属性用来为文本首字母缩写提供说明信息，即通过 title 属性来给出缩写的完整名称，只需要在程序运行时把鼠标放在缩写词上就会显示完整的意思。例如 Cascading Style Sheets 缩写成 CSS：

<acronym title=" Cascading Style Sheets "> CSS </acronym>

<abbr>与<acronym>标记的区别是：<abbr>是指任何缩写的词，例如 Auguest 缩写成 Agu；而<acronym>则是专门指首字母缩写。

4.2.11　del 与 ins

<del>标记定义文档中已被删除的文本。

<del>标记的一般格式为：

<del >文本</del>

<ins>标记定义已经被插入文档中的文本。

<ins>标记的一般格式为：

<ins>文本</ins>

说明：<del>与<ins>标记配合使用来描述文档中的更新和修正。

例 4-15　带有已删除部分和新插入部分的文本。

```
01    <!--4-14.html-->
02    <html>
03    <body>
04        没有了牛，的日子还要怎么<DEL>过下去</DEL> <INS>活下去</INS>？
05    </body>
06    </html>
```

上面这段代码的显示效果如下：

没有了牛，的日子还要怎么过下去 活下去？

注意：如果想通过标记来显示文档编辑样式，<ins>和<del>刚好可以用到。就像它们的名字，<ins>通过一个下划线来突出那些被添加进文档的内容，而<del>则通过删除线来显示那些从中删除的文字。

4.2.12　bdo

<bdo>标记可重新定义文字显示方向。

<bdo>标记的一般格式为：

<bdo dir=属性值>文本</bdo>

说明：dir 属性有两个值：ltr 为从左到右；rtl 为从右到左。

例 4-16　bdo 标记示例。

```
01    <!--4-16.html-->
02    <html>
03    <body>
04    <p>
05        如果您的浏览器支持 bi-directional override (bdo)，下一行会从右向左输出 (rtl)；
```

```
06      </p>
07
08      <bdo dir="rtl">
09      Here is some Hebrew text
10      </bdo>
11
12      </body>
13      </html>
```

上面这段代码的显示效果如下：

> 如果您的浏览器支持 bi-directional override (bdo)，下一行会从右向左输出 (rtl)；
>
> txet werbeH emos si ereH

4.2.13　code、kbd、samp 与 var

<code>、<kbd>、<samp>与<var>标记常用于显示计算机编程代码。这几个标记不只是让用户更容易理解和浏览文档,而且将来某些自动系统还可以利用这些恰当的标记从文档中提取信息以及文档中提到的有用参数。提供给浏览器的语义信息越多,浏览器就可以越好地把这些信息展示给用户。

1. <code>

<code>标记定义计算机代码文本，用于表示计算机源代码或者其他机器可以阅读的文本内容。包含在该<code>标记内的文本将用等宽、类似电传打字机样式的字体显示出来。

<code>标记的一般格式为：

> <code >计算机源代码</code>

例如：

> <code>Computer code</code>

2. <kbd>

<kbd>标记定义键盘文本，它表示文本是从键盘上键入的。它经常用在与计算机相关的文档或手册中。

<kbd>标记的一般格式为：

> < kbd >计算机源代码</ kbd >

例如，键入<kbd>quit</kbd>来退出程序，或者键入<kbd>menu</kbd>来返回主菜单。

3. <samp>

<samp>标记定义样本文本，表示一段用户应该对其没有什么其他解释的文本字符，要从正常的上下文抽取这些字符时，通常要用到这个标记。

<samp>标记的一般格式为：

> <samp>文本</samp>

例如：

```
01      <p>新手接触网络，有时不连网就尝试打开浏览器，这时浏览器会显示：
02      <samp>Internet Explorer 无法显示该网页</samp>
03      </p>
```

<samp>并不经常使用，只有在要从正常的上下文中将某些短字符序列提取出来，对它们加以强调的极少情况下，才使用这个标记。

4. <var>

<var>标记定义变量，可以将此标记与<pre>及<code>标记结合使用，用来显示计算机编程代码范例及类似方面的特定元素。用<var>标记的文本通常显示为斜体。

<var>标记的一般格式为：
    <var>文本</var>
例如：
    <var>Computer variable</var>

4.2.14 hr

<hr>标记在 HTML 页面中创建一条水平线，可以在视觉上将文档分隔成各个部分。

<hr>标记的一般格式为：
    <hr 属性="属性值">

在 HTML 中，除了标准通用属性之外，<hr>标记的几个常用属性如表 4-1 所示。

表 4-1　<hr>标记的常用属性

属性名	意义
align	设定线条置放位置，可选择 left、right、center 三种设定值
size	设定线条厚度，以像素为单位，默认为 2
color	设定线条颜色，默认为黑色
width	设定线条长度，可以是绝对值（以像素为单位）或相对值，默认为 100%
noshade	设定线条为平面显示还是立体显示，当属性值设置为 true 时，水平线呈现为纯色（2D 效果）；当属性值设置为 false 时，水平线显示为双色凹槽（3D 效果）

例 4-17　被水平线分隔的标题和段落。

```
01    <!--4-17.html-->
02    <html>
03    <head>
04    <title>水平线分隔的标题和段落</title>
05    </head>
06    <body>
07    <h1 align="CENTER">这是文章标题</h1>
08    <hr align="CENTER" width="60%">
09    <p align="CENTER">这是文章段落</p>
10    <hr align="LEFT" size="2" color="#0000FF" noshade ="false">
11    </body>
12    </html>
```

程序运行结果如图 4-4 所示。

图 4-4　<hr>标记示例

4.2.15　marquee

滚动字幕的使用使得整个网页更有动感，显得很有生气。用 HTML 的<marquee>滚动字幕标记所需的代码最少，能够以较少的下载时间换来较好的效果。

<marquee>标记的一般格式为：

```
<marquee 属性="属性值">滚动字幕</marquee>
```

标记属性的语法为：

```
<marquee
aligh=left|center|right|top|bottom
bgcolor=#n
direction=left|right|up|down
behavior=type
height＝n
hspace＝n
scrollamount=n
Scrolldelay=n
width=n
VSpace=n
loop＝n>
```

下面解释一下各参数的含义。

（1）align：是设定活动字幕的位置，不过除了居左、居中、居右三种位置外，又增加靠上（align=top）和靠下（align=bottom）两种位置。

（2）bgcolor：用于设定活动字幕的背景颜色，一般是十六进制数。

（3）direction：用于设定活动字幕的滚动方向是向左、向右、向上还是向下。

（4）behavior：用于设定滚动的方式，主要由三种方式：behavior="scroll"，表示由一端滚动到另一端；behavior="slide"，表示由一端快速滑动到另一端，且不再重复；behavior="alternate"，表示在两端之间来回滚动。

（5）height：用于设定滚动字幕的高度。

（6）width：设定滚动字幕的宽度。

（7）hspace 和 vspace：分别用于设定滚动字幕的左右边框和上下边框的宽度。

（8）scrollamount：用于设定活动字幕的滚动距离。

（9）scrolldelay：用于设定滚动两次之间的延迟时间。

（10）loop：用于设定滚动的次数，当 loop=-1 时，表示一直滚动下去，直到页面更新。

<marquee>标记的默认情况是向左滚动无限次，字幕高度是文本高度，滚动范围：水平滚动的宽度是当前位置的宽度。

例 4-18　文字水平滚动。

```
01    <!--4-18.html-->
02    <html>
03    <head>
04    <title>文字水平滚动</title>
05    </head>
06    <body>
07        <marquee>欢迎光临！</marquee>
08        <marquee width="200">滚动字幕的宽度是 200 像素</marquee>
09    </body>
10    </html>
```

例 4-19　文字垂直滚动。

```
01    <!--4-19.html-->
02    <html>
03    <head>
04    <title>文字垂直滚动</title>
05    </head>
06    <body>
07    <marquee direction="up" >欢迎光临</marquee>
08    </body>
09    </html>
```

<marquee>标记的参数较多，在应用中要把握一个原则，能用默认值就不要再设置参数值，用什么参数就设置该参数的值，其他参数就不要再设置，以把代码控制在最少的范围内。

4.3　内容（多用途）标记

4.3.1　div

div 是 division 的简写，division 意为分割、区域。<div>标记在 HTML 中表示一个块，<div>标记可以把文档分割为独立的、不同的部分，因而该标记被称为区隔标记。可以将它用作 Web 页面的组织工具，设定页面文字、图形、图像、表格等的摆放位置。可以通过 CSS 样式（style）为其赋予不同的表现。

<div>标记的一般格式为：

　　<div 属性="属性值">文档</div>

在 HTML 中，<div>标记中常用的属性如下：

（1）class 或 id 属性：用于标识一个 div 块元素。这两者的主要差异是，class 用于元素组（类似的元素或者可以理解为某一类元素），而 id 用于标识单独的唯一的元素。

（2）position 属性：用于定位一个 div 块元素。其属性值为 absolute|relative，当 position 属性值为 absolute 时，div 块元素位置固定；为 relative 时，div 块元素位置会随着内容的实际情况进行浮动。

（3）display 属性：用于是否显示一个 div 块元素。其属性值为 block|none，当 display 属性值为 block 时，表示显示（这是默认状态）；为 none 时，div 块元素隐藏。

（4）z-index:n 属性：是一个 div 块元素的优先属性。

z-index 可以理解为 z 轴的坐标（x、y 轴控制左右、上下方位，z 轴控制层叠 div 的前后方位），n 表示一个整数（正负均可），有多个 div 块元素时，n 越大，则越靠前显示。

只有用绝对定位（position:absolute）时，属性 z-index 才起作用。

如采用绝对定位方式定义一个 div 块元素：

　　<div id="Layer" style="position:absolute; left:57px;top:27px;width:231px;height:108px; z-index:1; "></div>

这里<div>元素用来定义一个层。id 用来定义块的名称。style 说明了它属于一种绝对的定位，并且列出了该层相对其父级左上角位置的上、下、左、右的距离，单位是像素。z-index 代表 z 轴，用来定义层的排列顺序。

未设置绝对定位（position:absolute）的 div，其 z-index 永远为 0。未设定优先属性（z-index）的<div>，按照声明的顺序层叠，后声明的盖住先声明的，如果有两个<div>属于父子关系，则子<div>覆盖父<div>。

（5）style 属性：用于为一个<div>块元素指定样式。

说明：

● <div>是一个块级元素，浏览器通常会在<div>元素前后放置一个换行符。实际上，换行是<div>固有的唯一格式表现。

● <div>可以视为一个包装标记，通过<div>的 class 或 id 应用额外的样式，把不同的风格用于标记之间的所有内容，包括图像在内。<div>给予了网页设计者另一层 Web 页组织手段。

例 4-20　设置一个宽和高均为 200 像素的块。

```
01    <!--4-20.html-->
02    <html>
03    <head>
04    <title>设置一个块</title>
05    </head>
06    <body>
07    <div style="width:200px;height:200px; background-color:Black;"></div>
08    </body>
09    </html>
```

这里 height 设置 div 的高度，width 设置 div 的宽度，background-color 设置背景颜色。

例 4-21　创建一个 div 块元素，指定样式显示苏轼的《水调歌头》。

```
01    <!--4-21.html-->
02    <html>
03    <body>
04    <div style="text-align:left; text-indent:30px;    color:Blue; font-size:28px; font-family:宋体;
      background-color:Yellow">
05    <pre>
06        明月几时有？把酒问青天。不知天上宫阙，今夕是何年？
07    我欲乘风归去，惟恐琼楼玉宇，高处不胜寒。起舞弄清影，何似在人间？
08    转朱阁，低绮户，照无眠。不应有恨，何事长向别时圆？
09    人有悲欢离合，月有阴晴圆缺，此事古难全。但愿人长久，千里共蝉娟。
10    </pre>
11    </div>
12    </body>
13    </html>
```

这里 text-align 指定文本水平对齐方式，text-indent 设置文本的缩进格式，color 指定文本颜色，font-size 指定文本字符的大小，font-family 设置文本要用的字体名称。

4.3.2　span

<span>标记在 HTML 中表示一个组合文档中的行内元素，<span>标记可以把一行文档中的某部分分割为独立的区域，从而实现某种特定效果，因而该标记被称为行内区隔标记。

<span>标记的一般格式为：

< span 属性="属性值">文档</ span >

在 HTML 中，<span>标记中常用的属性如下：

（1）class 或 id 属性：用于标识一个 span 块元素。这两者的主要差异是，class 用于元素组（类似的元素或者可以理解为某一类元素），而 id 用于标识单独的唯一的元素。

（2）style 属性：用于为一个 span 块元素指定样式。

说明：span 是一个行内元素，不会引起换行。

例 4-22   使用 span 元素创建一个内嵌文本容器，将包含的文本颜色变成蓝色。

```
01      <!--4-22.html-->
02      <html>
03      <body>
04          < p >本段包含了单独的<span style="color: blue">蓝色</span >单词</ p >
05      </body>
06       </html>
```

例 4-23   span 元素的使用。

```
01      <!--4-23.html-->
02      <html>
03      <head>
04      <title>SPAN 元素的使用</title>
05       <style>
06      span.span1{color:#bbbbbb}
07      </style>
08      </head>
09      <body>
10          大家好！我是新生，来自<span class="span1">湖北</span>
11      </body>
12      </html>
```

从以上例子可知，HTML 中的 span 元素的作用就是让可以在一段字符中将样式作用于定义在 span 元素中的字符。

span 和 div 这两个 HTML 元素对于网页设计是很重要的，span 和 div 元素用于组织和结构化文档。若结合 class 和 id 属性一起使用，可通过 CSS 样式（style）为其赋予不同的表现，使网页更加丰富多彩。

4.4　特殊字符

特殊字符是指在 HTML 中具有特别含义的字符，比如小于号<就表示 HTML 标记的开始，这个小于号不会显示在最终看到的网页里面。那如果希望在网页中显示一个小于号，该怎么办呢？这时就需要使用一些特殊的代码组合来替代。

在 HTML 中特殊字符是不能直接使用的。要使用特殊字符，应使用它们的转义序列。在超文本标记语言里，一个特殊字符有两种表达方式，即字符转义序列或数字转义序列。

所谓字符转义序列，实际上就是用有意义的名称来表示特殊字符，通常由前缀"&"加上字符对应的名称，再加上后缀";"而组成。其表达方式如下：

&name;

其中 name 是一个用于表示字符的名称，它是区分大小写的。例如：

& lt; font &lgt;

显示为<font>，若直接写为<font>则被认为是一个标记。

所谓数字转义序列，就是用数字来表示文档中的特殊字符，通常由前缀"&#"加上数值，再加上后缀";"而组成。其表达方式如下：

&#D;

其中 D 是一个十进制数值。

例如：

©

显示特殊字符为"©"。

说明：

（1）转义序列各字符间不能有空格。

（2）转义序列必须以";"结束。

（3）单独的&不被认为是转义开始。

使用字符转义序列比数字转义序列要容易记忆得多。例如"©"来表示版权符号"©"，用"®"来表示注册商标符号"®"，很显然，这样表示的语义更加明确。但遗憾的是，不是所有的浏览器都能够正确认出采用实体参考方式的特殊字符，但是它们都能够识别出采用数字参考方式的特殊字符，如果可能，对于一些特别不常见的字符应该使用数字参考方式。

常用的特殊字符如表 4-2 所示。

表 4-2　常用的特殊字符

字符转义序列	数字转义序列	显示结果	描述
&lt;	&#60;	<	小于号或显示标记
&gt;	&#62	>	大于号或显示标记
&amp;	&#38	&	可用于显示其他特殊字符
&quot;	&#34;	"	引号
&reg;	&#174;	®	已注册
&copy;	&#169;	©	版权
			不断行的空白

例 4-24　将<pre>标记中的特殊符号转换为符号实体，显示一个 HTML 的源程序。

```
01  <!--4-24.html-->
02  <html>
03  <head>
04    <title>pre 元素的使用</title>
05  </head>
06  <body>
07  <pre>
08  &lt;html&gt;
09  &lt;head&gt;
10  &lt;script type=&quot;text/javascript&quot; src=&quot;loadxmldoc.js&quot;&gt;
11  &lt;/script&gt;
12  &lt;/head&gt;
13  &lt;body&gt;
14    &lt;script type=&quot;text/javascript&quot;&gt;
15  xmlDoc=<a href="dom_loadxmldoc.asp">loadXMLDoc</a>(&quot;books.xml&quot;);
16    document.write(&quot;xmlDoc is loaded, ready for use&quot;);
17  &lt;/script&gt;
18  &lt;/body&gt;
19  &lt;/html&gt;
20  </pre>
21  </body>
22  </html>
```

上面这段代码的显示效果如图 4-5 所示。

```
<html>

<head>
 <script type="text/javascript" src="loadxmldoc.js">
</script>
</head>

<body>

 <script type="text/javascript">
  xmlDoc=loadXMLDoc("books.xml");
  document.write("xmlDoc is loaded, ready for use");
 </script>

</body>

</html>
```

图 4-5   特殊符号转换为符号实体示例

说明：

（1）制表符（tab）在<pre>标记定义的块当中可以起到应有的作用，每个制表符占据 8 个字符的位置。但是不推荐使用它，因为在不同的浏览器中，Tab 的实现各不相同。在用<pre>标记格式化的文档段中使用空格，可以确保文本正确的水平位置。

（2）如果您希望使用<pre>标记来定义计算机源代码，比如 HTML 源代码，请使用字符转义序列或数字转义序列来表示特殊字符，比如"<"代表"<"，">"代表">"，"&"代表"&"。

4.5   综合实例

本节将结合本章所学的内容来制作一个简单的关于 HTML 文本格式标记的网页。

网页内容如图 4-5 所示。

图 4-5   文本格式标记示例网页

文本格式标记示例网页源代码如下：

```
<html>
<head>
<title>HTML 中的文本格式标记</title>
</head>
<body>
<h1 align="CENTER">常见的文本格式标记</h1>
<hr align="CENTER" width="60%">
<div align="CENTER">
em 标记用于<em>强调</em>的文本内容
<br>
Strong 标记用于<strong>强调语气更强</strong>的文本内容
<br>
Big 标记将文本呈现<big>大号字体</big>
<br>
Small 标记将文本呈现<small>小号字体</small>
<br>
b 标记将文本呈现为<b>粗体字</b>
<br>
i 标记将文本呈现为<i>斜体字</i>
<br>
sub 标记将呈现文本的<sub>下标</sub>
<br>
sup 标记将呈现文本的<sup>上标</sup>
<p>这是文本段落</p>
</div>
<div style="text-align:left; text-indent:30px;    color:Blue; font-size:18px; font-family:宋体">
<pre>
小草,
没有花儿那样，绽放惹人喜欢，
没有大树那样，高大为人庇荫。
有的只是肆意生长，记住，有水分和土壤的地方就有它。
退去花儿暂时的美丽，总有一天会凋谢。
淡看树木的高大，总有一天会干枯。
只有小草，哪个地方都能生存，烧不尽，吹又生。
</pre>
</div>
<hr>
<div align="CENTER">
<address>
<a href="mailto:service@csscss.org">用户服务信箱</a><br>
武汉 xxxx 有限公司<br />
东湖开发区 168 号<br />
</address>
</div>
</body>
</html>
```

本章小结

文本是 HTML 网页中的重要内容之一，编写 HTML 文档时，可以将文本放置在标记之间来设置文本的格式。设置文档中文本的格式内容包括分段与换行、设置段落对齐方式、设置字体、字号和文本颜色以及设置字符样式等。本章学习了 HTML 语言的标题与段落标记、文本格式中的常用标记以及<div>与<span>标记，HTML 语言中特殊字符的组成结构和使用方法。使用这些标记，告诉 Web 浏览器如何对文本进行格式化和显示，如何对网页元素进行分割和标记，以形成文本的布局、文字的格式及美观简洁的版面。

习题四

一、选择题

1. 以下标记符中，没有对应的结束标记的是（　　）。

   A．<body>　　　　　　　　　　　　B．

   C．<html>　　　　　　　　　　　　D．<title>

2. 关于文本对齐，源代码设置不正确的一项是（　　）。

   A．居中对齐：<div align="middle">…</div>

   B．居右对齐：<div align="right">…</div>

   C．居左对齐：<div align="left">…</div>

   D．两端对齐：<div align="justify">…</div>

3. 下面（　　）是换行符标记。

   A．<body>　　　　　　　　　　　　B．<font>

   C．
　　　　　　　　　　　　　　D．<p>

4. 在 HTML 中，标记<pre>的作用是（　　）。

   A．标题标记　　　　　　　　　　　B．预排版标记

   C．转行标记　　　　　　　　　　　D．文字效果标记

5. 若要以标题 2 号字、居中、红色显示"vbscrip"，以下用法中正确的是（　　）。

   A．<h2><div align="center"><color="#ff00000">vbscript</div></h2></font>

   B．<h2><div align="center"><font　color="#ff00000">vbscript</div></h2></font>

   C．<h2><div align="center"><font　color="#ff00000">vbscript<</h2>/div></font>

   D．<h2><div align="center"><font　color="#ff00000">vbscript</font></div></h2>

6. 若要以加粗宋体、12 号字显示"vbscript"以下用法中正确的是（　　）。

   A．<b><font size=12>vbscript</b></font>

   B．<b><font face="宋体" size=12>vbscript</font></b>

   C．<b><font size="宋体" size=12>vbscript</b></font>

   D．<b><font size="宋体" fontsize=12>vbscript</b></font>

7. 下列不是 HTML 中特殊字符的字符转义序列是（　　）。

   A．& lt;　　　　　　　　　　　　B．&lgt;

　　C．⊤　　　　　　　　　　　　　D．

二、填空题

　　1．在 HTML 中，可定义一个地址的标记是_____。

　　2．运行 HTML 文档时，<B>和</B>之间的内容将显示为_____文字，<I>和</I>之间的内容将显示为_____文字，<U>和</U>之间的内容将显示为_____文字。

　　3．预格式化文本标记<pre></pre>的功能是_____。

　　4．当<p>和</p>标记使用时，可以添加 ALIGN 属性，用以标识段落在浏览器中的_____。ALIGN 属性的参数值为_____、_____和_____之一，分别表示<P></P>标记所括起的段落位于浏览器窗口的左侧、中间和右侧。

　　5．在页面中实现文字的下标标记是_____。

　　6．创建一个 HTML 文档块元素的开始标记符是_____，结束标记符是_____。

　　7．呈现大号字体效果的标记是_____，呈现小号字体效果的标记是_____。

　　8．表示创建一条长度为浏览宽度一半的水平线的语句是_____。

 实 训

　　使用 HTML 中文本格式标记设计一个简单的个人主页，内容包括自己的简介、兴趣爱好、特长、联系方式等。网页中文本的显示风格如下：

- 文字大小：12px。
- 颜色：蓝色。
- 文本对齐：左对齐。
- 字体：楷体。

技术要点：

（1）使用<div>块级元素对页面进行合理布局。

（2）使用适当标记强调自己的兴趣爱好、特长、联系方式。

第 5 章 使用 CSS 样式

当设计好样式之后可以通过多种方式在 HTML 文档中进行应用。本章首先介绍应用样式的方法，然后介绍 CSS 样式代码编写规则，重点介绍如何使用基本的 CSS 样式选择器，包括 HTML 标记选择器、CLASS 选择器和 ID 选择器，最后讲解 CSS 中的一些高级选择器。CSS 样式在页面设计中得到了广泛应用，需要重点掌握。

- 对 HTML 文档应用样式
- CSS 样式代码编写规则
- CSS 样式选择器

5.1　对 HTML 文档应用样式

5.1.1　应用样式的方法

当设计好样式之后，需要将样式应用到 HTML 文档中，可以用下面的三种方式将 CSS 应用于 HTML 页面上：

（1）内联样式。

内联样式是将样式写在标记里面的，它只对自己所在的标记起作用。内联样式表用到 <style>标记。下面通过内联样式将文字设置成红色、16 像素。

```
<p style="font-size:16px;color:red;"> 16 像素红色字体。</p>
```

（2）内部样式表。

内部样式表是写在<head></head>里面的，它只针对所在的 HTML 页面有效。内部样式表也用到<style>标记，写法为：

```
01      <style type="text/css">
02      /*样式规则*/
03      </style>
```

具体样式的规则语法将会在下面的章节中讲述。

例 5-1　通过内部样式表将文字设置成红色、16 像素。

```
01      <!--5-1.html-->
02      <!-- 用内部样式表将文字设置成红色、16 像素-->
03      <!DOCTYPE html PUBLIC "-//W3C//DTD XHTML 1.0 Transitional//EN"
        "http://www.w3.org/TR/xhtml1/DTD/xhtml1-transitional.dtd">
```

```
04    <style type="text/css">
05    p {
06            font-size:16px;
07            color:red;
08    }
09    </style>
10    </head>
11    <body>
12    <p> 16 像素红色字体。<p>
13    </body>
14    </html>
```

（3）外部样式表。

如果有很多 HTML 页面，而且页面结构十分复杂，且多个页面中要使用重复的样式，上面两种方式都不是应用样式的好方法。因为如果要创建另一个页面而且使用相同的样式，那么就需要在新页面上重写 CSS。如果以后要修改样式，那么就不得不在两处都进行修改。CSS 允许将所有样式放在一个或多个以.css 为扩展名的外部样式表文件中。通过将外部样式表附加到 HTML 文档上的方法可以灵活地应用样式。附加外部样式表上有链接和导入两种方法。

首先编辑样式，保存时将文档的扩展名设为.css。

例 5-2　外部样式表文件。

```
01    /*5-2.css*/
02    /*外部样式表文件将文字设置成红色、16 像素*/
03    p { font-size:16px;color:red;}
```

接着可以通过链接的方式将编辑好的样式表附加到 HTML 文档中，格式如下：

　　<link href="外部样式表名"　rel="stylesheet" type="text/css">

例 5-3　通过链接的方式附加外部样式表文件。

```
01    <!--5-3.html-->
02    <!DOCTYPE html PUBLIC "-<!--W3C<!--DTD XHTML 1.0 Transitional<!--EN"
       "http:<!--www.w3.org/TR/xhtml1/DTD/xhtml1-transitional.dtd">
03    <head>
04    <title>通过链接的方式附加样式表</title>
05    <link href=" test.css rel="stylesheet" type="text/css">
06    </head>
07    <body>
08    <!--应用样式表-->
09        <p> 16 像素红色居中字体。<p>
10    </body>
11    </html>
```

还可以通过导入的方法附加样式表，格式如下：

　　@import url("外部样式表名")

例 5-4　通过导入的方式附加外部样式表文件。

```
01    <!--5-4.html-->
02    <!DOCTYPE html PUBLIC "-//W3C//DTD XHTML 1.0 Transitional//EN"
       "http://www.w3.org/TR/xhtml1/DTD/xhtml1-transitional.dtd">
03    <head>
04    <meta http-equiv="Content-Type" content="text/HTML; charset=gb2312" />
```

```
05      <title>通过导入的方式附加外部样式表文件</title>
06      <style type="text/css">
07      /*通过导入的方式附加样式表*/
08          @import url("test.css");
09      </style>
10      </head>
11      <body>
12      <!--应用样式表-->
13          <p> 16 像素红色居中字体。<p>
14      </body>
15      </html>
```

外部引用 CSS 中 link 与@import 的不同之处如下：

（1）link 属于 XHTML 标记，而@import 完全是 CSS 提供的一种方式。<link>标记除了可以加载 CSS 外，还可以做很多其他的事情，比如定义 RSS 等，@import 就只能加载 CSS。

（2）加载顺序的差别。当一个页面被加载的时候，link 引用的 CSS 会同时被加载，而@import 引用的 CSS 会等到页面全部被下载完再被加载。

（3）兼容性的差别。由于@import 是 CSS 2.1 提出的，所以老的浏览器不支持，@import 只有在 IE 5 以上才能识别，而<link>标记无此问题。

（4）使用 DOM 控制样式时的差别。当使用 JavaScript 控制 DOM 去改变样式时，只能使用<link>标记，因为@import 不是 DOM 可以控制的。标准网页制作加载 CSS 文件时，还应该选定要加载的媒体（media），如 screen、print 或者全部 all 等。

（5）@import 可以在 CSS 中再次引入其他样式表，比如可以创建一个主样式表，在主样式表中再引入其他的样式表，如：

```
01      main.css
02      @import "sub.css";
03      @import "sub1.css";
```

附加外部样式表是目前 HTML 文档应用样式最常用的方式，它的优点是：

（1）多个样式可以重复利用。

（2）多个 HTML 页面可共用同一个 CSS 文件。

（3）修改、维护简单，只需要修改一个 CSS 文件就可以更改所有地方的样式，不需要修改页面代码。

（4）减少页面代码，提高 HTML 页面加载速度，CSS 驻留在缓存里，在打开同一个网站时由于已经加载则不需要再次加载。

5.1.2 应用样式的优先级

当同一个 HTML 标记在多个地方被定义不同的样式时，会使用哪个样式呢？一般而言，所有的样式会根据下面的规则层叠于一个新的虚拟样式表中，如果遇到不同的样式表的规则有冲突的地方，将按优先级来确定应用哪一个规则。下面的优先级由低到高，内联样式拥有最高的优先权：浏览器默认设置、外部样式表、内部样式表、内联样式。

需要说明的是，外部样式表和内部样式表的优先级由在文件中的位置决定，后出现的优先。

5.2 CSS 样式代码编写规则

5.2.1 基本语法

CSS 由一些定义各种 HTML 页面元素如何显示的规则组成。CSS 规则由一个选择符（selector）和一个声明（declaration）构成。选择符开始一个规则并指出该规则应用到 HTML 文档的哪个部分。选择符可以是多种形式，例如 HTML 标记<body>、<p>、<table>等，关于选择符会在后续内容进行讲解。声明由属性（properties）和属性的取值（value）组成，声明用来设置指定选择符的样式。基本格式如下：

selector　　{ property : value }
　　　↑　　　　　↑　　　　↑
　　选择符　　属性　　值

当编写 CSS 规则时，声明应放在花括号（{}）内，属性和值要用冒号隔开。可以通过此方法定义选择符的属性和值，例如：

body{color: red}

选择符 body 是指页面主体部分，color 是控制文字颜色的属性，red 是颜色的值，上面例子的效果是使页面中的文字为红色。

如果属性的值是多个单词组成，必须在值上加引号，比如字体的名称经常是几个单词的组合：

p {font-family: "sans serif"}

如果需要对一个选择符指定多个属性时，使用分号将所有的属性和值分开：

p {text-align: center; color: red}

上面的例子对<p>标记的文本对齐方式和字体颜色两个属性都进行了设置。

为了使定义的样式表方便阅读，可以采用分行的书写格式：

```
01    p{
02        text-align: center;
03        color: black;
04        font-family: arial
05    }
```

需要注意的是在属性后面的冒号和值后面的分号。缺少冒号或者分号将会带来错误，如果忘记了每个值后面的分号，后面加的所有属性都不起任何作用。因此，使用 CSS 的语法需要非常小心，尤其是在开始定义一些新的规则时。如果只有一个属性或者该属性是多个属性中的最后一个，这个分号是可以省略的。

为了减少样式表的重复声明，可以在一条样式规则定义语句中组合若干个选择器，每个选择器之间用逗号（,）隔开，例如：

```
01    h1,h2,h3,p{
02        color:red
03    }
```

这样多个选择器就可以共用后面的声明了。

5.2.2 规则的注释

在样式表中的规则比较多时，可以通过注释来管理样式表。所有的注释都以斜杠和星号

（/*）开始，以星号加斜杠结束（*/）。可以在复杂和重要的样式中使用，这样当以后再看以前设计的样式表时，就知道各个规则的作用了。

　　注意：添加注释将增加文件的大小，但是这个影响并不大，特别是在浏览器仅仅加载一次样式表的情况下。

　　下面的例子包括一个简单的注释，它解释了这些规则的作用。

```
01    /*段落排列居中，段落中文字为黑色，字体是 arial*/
02    p{
03        text-align: center;
04        color: black;
05        font-family: arial
06    }
```

　　为了进一步突出规则，可以在注释中添加一条虚线。该方法将样式表分为多个部分，更易于视觉上的管理，例如：

```
01    /*段落排列居中，段落中文字为黑色，字体是 arial*/
02    ------------------------------------------------------------------
03    p{
04        text-align: center;
05        color: black;
06        font-family: arial
07    }
```

　　注释使得调试或者重新阅读原来的设计更容易，也节省时间。

5.2.3　规则的标记

　　注释对于阅读整个样式表很重要，但通过引入了标记的概念可以追踪单个规则，这对复杂的样式表非常有用。标记使用样式表中不常用的字符作为注释的起始，有助于结合文本编辑器的查找工具来检索规则。

　　在样式表中搜索一个 p 时通常都发现所有的 p 实例，而不考虑 p 是单独的还是在某个单词内的。这时可以在注释的开始添加一个等号，在等号后加上选择器作为一个标记。如果搜索"=p"，那么只会发现相关的规则，因为这样的字符组合不可能出现在其他地方。

```
01    /*=p 段落排列居中，段落中文字为黑色，字体是 arial*/
02    ------------------------------------------------------------------
03    p{
04        text-align: center;
05        color: black;
06        font-family: arial
07    }
```

5.2.4　规则的排版

　　除了合理的注释和标记外，为了使得版面可读性强，还可以使用空格。

　　缩进主要是为了保证代码的清晰可读。在实际的使用中，可以单击一次 Tab 键来缩进选择器，而单击两次 Tab 键来缩进声明和结束大括号。这样的排版规则可以使查询规则非常容易。这样做可以使得即使在样式表不断增大的情况下，仍然可以避免混乱。区分优秀 CSS 设计人员和普通设计人员的标准就是看他们是不是从一开始就从逻辑上考虑和编码 CSS。

5.2.5　样式命名的通用规则

编写 CSS 代码时样式命名要注意的内容如下：

（1）命名所选用的单词应选择不过于具体表示某一状态（如颜色、字号大小等）的单词，以避免当状态改变时名称失去意义。

（2）样式 CLASS 名由以字母开头的小写字母（a～z）、数字（0～9）、下划线（_）、减号（-）组成。

（3）样式 ID 名称由不以数字开头的小写字母（a～z）、数字（0～9）、下划线（_）组成。

（4）模块、类型、状态、位置等所使用的单词或其缩写保持上面的顺序，尽量保持用两到三个单词说清用途。

5.3　CSS 样式选择器

选择器（selector）是 CSS 中很重要的概念，要想将 CSS 样式应用于特定的 HTML 元素，需要找到这个元素，这时可以通过选择器找到指定的 HTML 元素，并赋予样式声明，从而实现各种效果。

选择器本质上是一种内容与表现形式的对应关系。因此为了使 CSS 规则与 HTML 元素对应起来，就必须定义一套完整的规则，实现 CSS 对 HTML 元素的"选择"。选择器的种类比较多，下面将分别介绍。除了特殊说明的部分外，本节中的 HTML 页面都是在 IE 7 中运行得到的结果。

5.3.1　HTML 标记选择器

一个 HTML 页面由很多不同的标记组成，CSS 中的 HTML 标记选择器用来声明哪些标记采用哪种 CSS 样式。因此，每一种 HTML 标记的名称都可以作为相应的标记选择器的名称。例如，p 选择器就是用于声明页面中所有<p>标记的样式风格。CSS 规则如下：

```
01      p{
02          font-size:25px;
03      }
```

以上这段 CSS 代码声明了 HTML 中的所有<p>标记，文字颜色采用红色，大小都为 25px。

5.3.2　class 选择器

在上一节中的 HTML 标记选择器一旦声明，那么页面中所有的该标记都会相应地发生变化。例如当声明了<p>标记为红色时，页面中所有的<p>标记都将显示为红色。但是如果希望其中的某一个<p>标记不是红色，而是蓝色，仅依靠标记选择器是不够的，还需要引入 class 选择器。class 选择器是一类最常用的选择器，它用来定义 HTML 页面中需要特殊表现的样式。class 选择器的名称可以由用户自定义，命名最好有一定的意义，便于维护和阅读，属性和值跟 HTML 标记选择器一样，也必须符合 CSS 规范，在 CSS 中，class 选择器的名称前有一个圆点（.）作为前缀。如果要使用指定的 class 选择器，需要在相应的 HTML 标记中通过 class="class 选择器名字"的形式进行声明。CSS 规则如下：

```
01      .classname{
02          color:red;
```

```
03        font-size:25px;
04    }
```

HTML 文件中应用如下：

```
<p class="title">这是 CLASS 选择器的应用</p>
```

例如，当页面同时出现 3 个<p>标记时，如果想让它们的颜色各不相同，就可以通过设置不同的 class 选择器来实现。下面是一个完整的案例。

例 5-5 class 选择器示例。

```
01    <!--5-5.html-->
02    <!DOCTYPE html PUBLIC "-//W3C//DTD XHTML 1.0 Transitional//EN"
      "http://www.w3.org/TR/xhtml1/DTD/xhtml1-transitional.dtd">
03    <html xmlns="http://www.w3.org/1999/xhtml">
04    <head>
05    <title>class 选择器</title>
06    <style type="text/css">
07    /*将文字设置成红色、18 像素*/
08    .red{
09        color:red;
10        font-size:18px;
11    }
12    /*将文字设置成蓝色、18 像素*/
13    .green{
14        color:blue;
15        font-size:18px;
16    }
17    </style>
18    </head>
19    <body>
20    <!--应用类名.red 的样式-->
21    <p class="red">P 标记应用类名.red 的样式</p>
22    <!--应用类名. green 的样式-->
23    <p class="green">P 标记应用类名. green 的样式</p>
24    <!--应用类名. green 的样式-->
25    <h1 class="green">H 标记应用类名. green 的样式用</h1>
26    </body>
27    </html>
```

显示效果如图 5-1 所示。

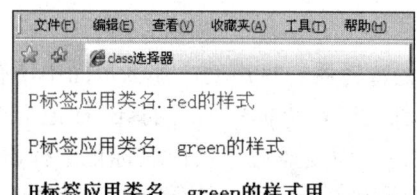

图 5-1   class 选择器示例

从图 5-1 中可以看到两个<p>标记分别呈现出了不同的颜色和字体大小，而且任何一个 class 选择器都适用于所有 HTML 标记，只需要用 HTML 标记的 class 属性声明即可，例如<h1>标记同样适用于.green 这个 class 选择器。

最后一行 h1 标记显示效果为粗字，这是因为在没有定义字体的粗细属性的情况下，浏览器采用默认的显示方式，<p>默认为正常粗细，<h1>默认为粗字体。

如果页面中几乎所有的<p>标记都使用同样的样式风格，只有少数几个特殊的<p>标记需要使用不同的风格来突出，这时可以通过 class 选择器与 5.3.1 节提到的 HTML 标记选择器配合来实现。

例 5-6　class 选择器与标记选择器示例。

```
01    <!--5-6.html-->
02    <!DOCTYPE html PUBLIC "-//W3C//DTD XHTML 1.0 Transitional//EN"
      "http://www.w3.org/TR/xhtml1/DTD/xhtml1-transitional.dtd">
03    <html xmlns="http://www.w3.org/1999/xhtml">
04    <title>class 选择器与标记选择器</title>
05    <style type="text/css">
06    /*标记选择器*/
07    p{
08        color:blue;
09        font-size:18px;
10    }
11    /*class 选择器*/
12    .special{
13        color:red;
14        font-size:23px;
15    }
16    </style>
17    </head>
18    <body>
19        <p>使用标记选择器</p>
20        <p class="special">使用 class 选择器</p>
21        <p>使用标记选择器</p>
22    </body>
23    </html>
```

首先通过标记选择器定义标记的全局显示方案，然后再通过一个 class 选择器对需要突出的标记进行单独设置，这样提高了 CSS 代码编写的效率，显示效果如图 5-2 所示。

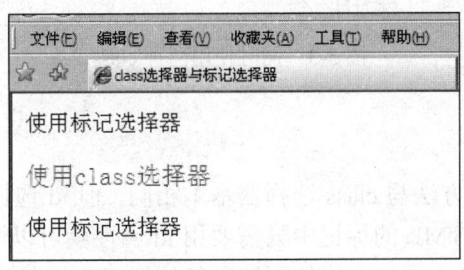

图 5-2　两种选择器配合

在 HTML 的标记中，还可以同时给一个标记应用多个 class 选择器，从而将多个 class 的样式风格同时运用到一个标记中，这个时候需要在 HTML 标记的 class 属性声明中加入多个类名，中间用空格隔开。这在实际制作网站时会很有用，可以减少代码的长度。

例 5-7　同时使用两个 class 选择器示例。

```
01    <!--5-7.html-->
02    <!DOCTYPE html PUBLIC "-//W3C//DTD XHTML 1.0 Transitional//EN"
      "http://www.w3.org/TR/xhtml1/DTD/xhtml1-transitional.dtd">
```

```
03      <html xmlns="http://www.w3.org/1999/xhtml">
04      <head>
05      <meta http-equiv="Content-Type" content="text/HTML; charset=gb2312" />
06      <title>同时使用两个 class</title>
07      <style type="text/css">
08      .colorblue{
09          color:blue;
10      }
11      .font22{
12          font-size:22px;
13      }
14      </style>
15      </head>
16      <body>
17         <p>一种都不使用</p>
18         <p class="colorblue">使用 colorblue</p>
19         <p class="font22">使用 font22</p>
20         <p class="colorblue font22">同时使用两种</p>
21      </body>
22      </html>
```

显示效果如图 5-3 所示，可以看到使用了.colorblue 的第 2 行显示为蓝色，而第 3 行是黑色，但是由于使用了.font22，因此字体变大。第 4 行通过 class="colorblue font22"将两个样式同时加入，得到蓝色大字体。第 1 行没有使用任何样式，仅作为参考。

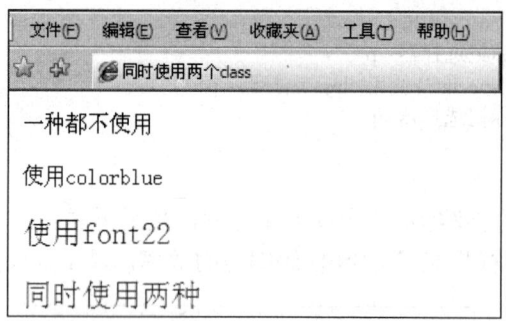

图 5-3   同时使用两种 class

5.3.3 ID 选择器

ID（id）选择器的使用方法与 class 选择器基本相同，但 id 选择器只能在 HTML 页面中使用一次，针对性更强。在 HTML 的标记中只需要用 id 属性就可以调用 CSS 中的 id 选择器。id 选择器的名称由用户自定义，属性和值的写法和其他标记选择器一样，但在 CSS 中，id 选择器的名称前有一个"#"符号作为前缀。CSS 规则如下：

```
01      #idname {
02          color:red;
03          font-size:25px;
04      }
```

在 HTML 中引用 id 选择器的代码如下：

```
<div id="name">这是 ID 选择器的应用</div>
```

下面举一个例子。

例 5-8　id 选择器的应用示例。

```
01    <!--5-8.html-->
02    <!DOCTYPE html PUBLIC "-//W3C//DTD XHTML 1.0 Transitional//EN"
      "http://www.w3.org/TR/xhtml1/DTD/xhtml1-transitional.dtd">
03    <html xmlns="http://www.w3.org/1999/xhtml">
04    <head>
05    <meta http-equiv="Content-Type" content="text/HTML; charset=gb2312" />
06    <title>ID 选择器</title>
07    <style type="text/css">
08    #colorblue{
09        color:blue;
10    }
11    #font22{
12        font-size:22px;
13    }
14    </style>
15    </head>
16    <body>
17        <p id="colorblue">ID 选择器 colorblue </p>
18        <p id="font22">ID 选择器 font22</p>
19        <p id="font22">ID 选择器 font22</p>
20        <p id="colorblue font22">ID 选择器 colorblue 和 two </p>
21    </body>
22    </html>
```

　　显示效果如图 5-4 所示，可以看出，在很多浏览器下，id 选择器可以用于多个标记，但每个标记定义的 id 不只是 CSS 可调用，JavaScript 等其他脚本语言同样也可以调用，因为这个特性，所以不要将 id 选择器用于多个标记，否则会出现意想不到的错误。如果一个 HTML 中有两个相同的 id 标记，那么将会导致 JavaScript 在查找 id 时出错，例如使用函数 getElementById()。正因为 JavaScript 等脚本语言也能调用 HTML 中设置的 id，所以 id 选择器一直被广泛地使用。在编写 CSS 代码时，应该养成良好的编写习惯，一个 id 只赋予一个 HTML 标记。

　　从图 5-4 也可以看到，最后一行没有任何一个 CSS 样式被应用，这是因为 id 选择器不支持像 class 选择器那样的多选择器同时使用，类似 id="one two"这样的写法是错误的语法。

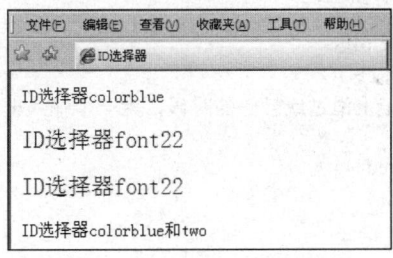

图 5-4　id 选择器的应用示例

5.3.4　高级选择器

　　CSS 中有其他许多有用的选择器，大多数新版本的浏览器支持这些高级选择器。如果浏览器不支持某个选择器，那么它会忽略这个规则。因此不必担心它在低版本浏览器中造成的问题。但在对于布局很重要的任何元素上，应该注意这些高级选择器的兼容性。

1. 伪 class 选择器和伪元素选择器

伪 class 选择器和伪元素选择器可以为文档中非具体存在的结构指定样式，或者为某些元素（包括文档本身）的状态指定样式，它会根据某种条件而非文档结构应用样式。

（1）伪类选择器。伪类选择器的使用方法如下：

HTML 元素,伪类{ property 1: value 1; property 2: value 2;……; property n: value n }

常用的伪类如表 5-1 所示。

表 5-1   常用的伪类

伪类名	描述
:link	用于超链接（即有一个 href 属性）的正常状态，即被用户访问的时候
:visited	访问过的超链接的状态
:focus	用于元素成为焦点的时候，常用于表单元素
:hover	用于鼠标在元素上，而尚未触发或点击它的时候，例如，鼠标指针可能停留在一个超链接上，:hover 就会指示这个超链接
:active	用于用户点击元素的情况，例如，鼠标指针停留在一个超链接上时，如果用户点击鼠标，就会激活这个超链接，:active 将指示这个超链接

关于<a>标记上伪类的顺序应按照 LVHA（Link Visited Hover Active）。hover、active 等伪类不限于<a>标记，也可以在其他某些元素上。但是请注意，对于 IE 系列浏览器来说，IE 6 只允许:hove 伪类应用于<a>标记，而且只有 IE 8 接受:active 状态。

link 和 visited 伪类是互斥的，也就是*:link:visited 不可能选择到任何元素。而 hover、active 与新增的 focus 伪类可以共存于一个元素上。因此可以有以下的样式：

a:link:hover { color:red; text-decoration:underline }
a:visited:hover { color:maroon }

下面的例子是当鼠标滑过或悬停的时候为一个输入框定义不同的背景色。

例 5-9   伪类选择器的应用示例。

```
01    <!--5-9.html-->
02    <!DOCTYPE HTML PUBLIC "-//W3C//DTD XHTML 1.0 Transitional//EN"
      "http://www.w3.org/TR/xHTML1/DTD/xHTML4-transitional.dtd">
03    <html xmlns="http://www.w3.org/1999/xhtml">
04    <head>
05    <title>伪类选择器</title>
06    <style type="text/css">
07    /*鼠标在 input 标记上滑过或悬停的时候，为一个输入框定义不同的背景色。*/
08    input:hover{
09        background:red;
10    }
11    </style>
12    </head>
13    <body>
14        <input type="text" name="text1"/><br/>
15    </body>
16    </html>
```

（2）伪元素选择器。伪元素选择器的使用方法如下：

HTML 元素:伪元素{ property 1: value 1; property 2: value 2;……; property n: value n }

伪类选择器的应用示例效果如图 5-5 所示。

常用的伪元素如表 5-2 所示。

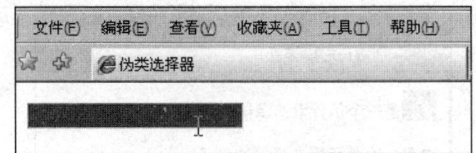

图 5-5　伪类选择器的应用示例

表 5-2　常用的伪元素

伪元素名	描述
:frst-line	段落中的第一行文本
:first-letter	段落中的第一个字母

其中，:first-line 和:first-letter 除了可以用于\<p>标记外，还可以用于任何块级元素。块级元素是指元素中的内容在浏览器文档窗口上显示为一个独立的矩形区域。一个普通的 HTML 元素只要设置了其 width 和 height 属性的值，它就可以成为一个块级元素。最明显的块级元素是 div。

class 可以与伪元素选择器一起使用。class 选择器与伪元素选择器一起使用的格式为：

HTML 元素. 类名:伪元素{ property 1: value 1; property 2: value 2;……; property n: value n }

这种定义表示该样式规则只对 class 属性等于某个类名的某个 HTML 元素的这种伪元素有效。下面的例子通过伪元素 first-letter 和 class 选择器的共同作用为 class 属性等于 fontred 的\<p>标记内的文字的第一个字符设置样式。

例 5-10　伪元素选择器的应用示例。

```
01      <!--5-10.html-->
02      <!DOCTYPE HTML PUBLIC "-//W3C//DTD XHTML 1.0 Transitional//EN"
        "http://www.w3.org/TR/xHTML1/DTD/xHTML4-transitional.dtd">
03      <HTML xmlns="http://www.w3.org/1999/xHTML">
04      <head>
05      <title>伪元素选择器</title>
06      <style type="text/css">
07      /*定义<p>标记中类 fontred 的伪元素:first-letter 的样式*/
08      p.fontred:first-letter{
09          background: #3333FF;
10          font-size:24px;
11          color:red;
12      }
13      </style>
14      <body>
15      <!--应用样式-->
16      <p class="fontred">这是一个伪元素选择器的例子 1</p>
17      <p>这是一个伪元素选择器的例子 2</p>
18      </body>
19      </html>
```

从图 5-6 所示可以看到，同样是\<p>标记，只有 class 为 fontred 的\<p>标记内的文字应用了样式。

2. 交集选择器

交集选择器由两个选择器组成，其结果是选中二者各自元素范围的交集。其中第一个必须是标记选择器，第二个必须是 class 选择器或 id 选择器。两个选择器之间不能有空格，必须连续书写。

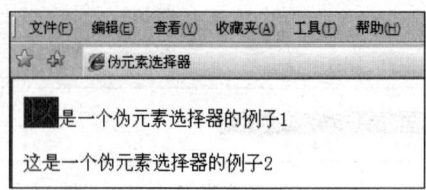

图 5-6   伪元素选择器的应用示例

```
01      p.classname {
02          color:#339;
03          font-size:16px;
04      }
```

这种方式构成的选择器将选中同时满足前后二者定义的元素，也就是前者定义的标记类型，并且指定了后者的 class 或 id 的元素，因此被称为交集选择器。

例 5-11   交集选择器的应用示例。

```
01      <!--5-11.html-->
02      <!DOCTYPE html PUBLIC "-//W3C//DTD XHTML 1.0 Transitional//EN"
            "http://www.w3.org/TR/xhtml1/DTD/xhtml1-transitional.dtd">
03      <html xmlns="http://www.w3.org/1999/xhtml">
04       <head>
05       <title>交集选择器的应用</title>
06       <style type="text/css">
07       p{
08           color:blue;
09       }
10       .special{
11           color:green;
12       }
13       /*交集选择器*/
14       p.special{
15           color:red;
16       }
17      </style>
18      </head>
19      <body>
20      <p> P 标记文本</p>
21      <p class="special">指定了.special 类的 P 标记文本</p>
22      <h class=" special ">指定了.special 类的 H 标记文本</h>
23      </body>
24      </html>
```

上面的代码中定义了<p>标记的样式，也定义了.special 的 class 的样式，此外还单独定义了 p.special 选择器，用于特殊的控制，在 p.special 中定义的样式仅仅适用于<p class="special">标记，而不会影响使用了.special 的其他标记。图 5-7 所示是在 Firefox 3.6.8 下运行显示的结果。

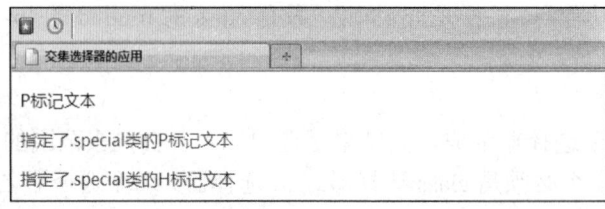

图 5-7   交集选择器应用示例

3. 后代选择器

后代选择器可用来寻找特定元素或元素组的后代。后代选择器是用一个用空格符隔开的两个或更多的单一选择器组成的字符串。后代选择器是根据文档中的上下文来选取元素的。两个选择器之间用空格隔开。

```
01      div p{
02          color:red;
03      }
```

上面定义了一个<div>标记，<p>标记是<div>标记的后代，就是说只有在<div>标记内的<p>标记才会应用上面的样式。

例 5-12　交集选择器的应用示例。

```
01      <!--5-12.html-->
02      <!DOCTYPE html PUBLIC "-//W3C//DTD XHTML 1.0 Transitional//EN"
        "http://www.w3.org/TR/xhtml1/DTD/xhtml1-transitional.dtd">
03      <html xmlns="http://www.w3.org/1999/xhtml">
04      <head>
05      <title>后代选择器的应用</title>
06      <style type="text/css">
07      /*后代选择器*/
08      div p{
09          color:red;
10      }
11      p{
12          color:blue
13      }
14      </style>
15      </head>
16      <body>
17      <div>
18      <p> div 标记下的 p 标记中的文本 1</p>
19      <p> div 标记下的 p 标记中的文本 2</p>
20      </div>
21      <p>p 标记中文本</p>
22      </body>
23      </html>
```

在这个示例中，只是<div>标记中的后代标记<p>受到样式的影响，其他的<p>标记不受影响。后代选择器定义的样式规则的优先权比单一选择器定义的样式规则的优先权高，即使在 div p{color:red;}的后面部分定义了如下样式规则：p{ color: blue }，但是在块中的段落颜色还是为红色。显示效果如图 5-8 所示。

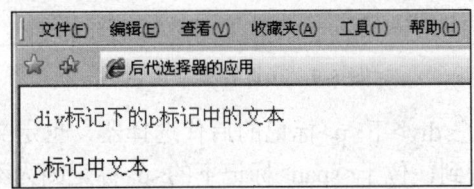

图 5-8　后代选择器应用示例

后代选择器不限于使用两个元素，如果需要可以加入更多元素，每个后代选择器链中的选择器都必须用一个空格隔开。

　　4. 子选择器

　　这个选择器与后代选择器的区别是：子选择器（child selector）仅是指它的直接后代或者可以理解为作用于子元素的第一个后代，而后代选择器是作用于所有子后代元素；后代选择器通过空格来进行选择，而子选择器是通过"＞"进行选择，规则示例如下：

```
01    div>p{
02        color:red;
03    }
```

　　上面定义了一个<div>标记，<p>标记是<div>标记的子元素，就是说只有直接在<div>标记内的<p>标记才会应用上面的样式。

　　例 5-13　子选择器的应用示例。

```
01    <!--5-13.html-->
02    <!DOCTYPE html PUBLIC "-//W3C//DTD XHTML 1.0 Transitional//EN"
      "http://www.w3.org/TR/xhtml1/DTD/xhtml1-transitional.dtd">
03    <html xmlns="http://www.w3.org/1999/xhtml">
04    <head>
05    <title>子选择器的应用</title>
06    <style type="text/css">
07    /*后代选择器*/
08    div p{
09        color:blue;
10    }
11    div>p{
12        color:red;
13    }
14    </style>
15    </head>
16    <body>
17    <div>
18    <span><p>子选择器 div 标记下 span 标记下的 p 标记中的文本 1</p></span>
19    <p>子选择器 div 标记下的 p 标记中的文本 1</p>
20    </div>
21    </body>
22    </html>
```

　　应用示例效果如图 5-9 所示。

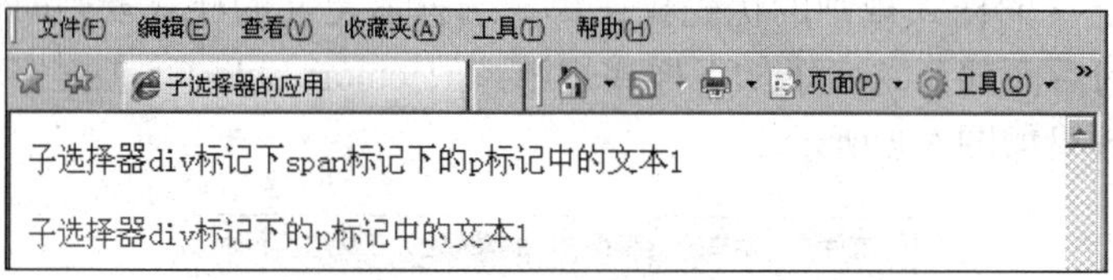

图 5-9　子选择器应用示例

　　上面的代码中既定义了<div>下<p>标记的后代选择器，也定义了<div>下<p>标记的子选择器。从图 5-9 所示可以看到，位于<span>标记下的<p>标记因为不是<div>标记的直接后代，所以不是子元素，就不能应用子选择器，但这个<p>标记是<div>标记的后代，所以应用了后代选择器设置的样式，字体颜色为蓝色。而直接位于<div>下的<p>是<div>的子元素，所以应用了子选择器的样式，字体颜色为红色。

5. 属性选择器

属性选择器可以根据某个属性是否存在或属性的值来寻找元素，因此能够实现某些非常有意思的效果。可以认为 class 和 id 选择器其实就是属性选择器，只不过是选择了 class 或 id 的值而已。低版本的浏览器不支持属性选择器，但当前主流的标准浏览器都很好地支持属性选择器。

属性选择器的格式是元素后跟中括号，中括号内带属性或者属性表达式，例如：

h1[title],h1[title="Logo"]

（1）简易属性选择器。简易属性选择器基于属性来应用样式，而不考虑属性的值。例如：

```
01    p[class] {
02        color: red;
03    }
```

上面的选择器将会作用于任何带 class 的<p>标记，不管 class 的值是什么。所以 p class="">Hello</p>、<p class="green">Hello </p>会受到这条规则的影响。在下面的例子中有三个<p>标记，第一个<p>标记没有设置 class 属性，第二个<p>标记有 class 属性，但值为空，第三个<p>标记有 class 属性，而且值不为空。

例 5-14   简易属性选择器的应用示例。

```
01    <!--5-14.html-->
02    <!DOCTYPE html PUBLIC "-//W3C//DTD XHTML 1.0 Transitional//EN"
      "http://www.w3.org/TR/xhtml1/DTD/xhtml1-transitional.dtd">
03    <html xmlns="http://www.w3.org/1999/xhtml">
04    <head>
05    <title>简易属性选择器</title>
06    <style type="text/css">
07    p[class]{
08        color:red;
09     }
10    </style>
11    </head>
12    <body>
13    <p>没有 class 属性的 P 标记</p>
14    <p class="">class 属性为空的 P 标记</p>
15    <p class="green">class 属性为 green 的 P 标记</p>
16    </body>
17    </html>
```

显示效果如图 5-10 所示。可以看到只要设置了 class 属性，不管值是否为空，都会应用样式选择器。

图 5-10   简易属性选择器应用示例

（2）精确属性值选择器。class 和 id 本质上就是精确属性值选择器，如 p#red 等于 p[id="red"]。属性不仅局限于 id 或 class，可以使用任何属性。例如：

```
01      a[href="http://test/"][title="tests"]{
02          font-size: 200%;
03      }
```

将会作用于<a href=" http://test" title=" tests"></a>。在下面的例子中精确属性值选择器对<a>标记设置了两个属性：href 和 title，在后面的 HTML 页面中有三个<a>标记，其中有一个<a>标记的这两个属性的值和精确属性值选择器中设置的一样，将会被应用样式，另外两个<a>标记中的这两个属性的值和选择器中的不完全一样，所以不能应用样式。显示效果如图 5-11 所示。

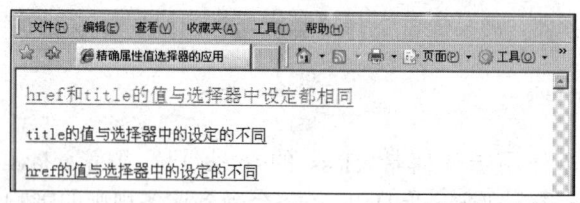

图 5-11　精确属性值选择器应用示例

例 5-15　精确属性值选择器的应用示例。

```
01      <!--5-15.html-->
02      <!DOCTYPE html PUBLIC "-//W3C//DTD XHTML 1.0 Transitional//EN"
        "http://www.w3.org/TR/xhtml1/DTD/xhtml1-transitional.dtd">
03      <html xmlns="http://www.w3.org/1999/xhtml">
04      <head>
05      <title>精确属性值选择器的应用</title>
06      <style type="text/css">
07      a[href="http://test/"][title="test"]{
08          font-size: 120%;
09          color:#FF0000;
10      }
11      </style>
12      </head>
13      <body>
14      <p><a href="http://test/" title="test">href 和 title 的值与选择器中的设置都相同</a></p>
15      <p><a href="http://test/" title="test1">title 的值与选择器中设置的不同</a></p>
16      <p><a href="http://test1/" title="test">href 的值与选择器中设置的不同</a></p>
17      </body>
18      </html>
```

5.3.5　样式的优先级

请看下面的例子。CSS 部分的代码如下：

```
01      body{
02          color:red;
03      }
04      p{
05          color:blue;
06      }
```

HTML 部分的代码如下：

```
01      <body>
02      内容一
```

```
03    <p>内容二</p>
04    </body>
```

现在的结果是段落一为红色，段落二为蓝色。

实际中，在 CSS 里，某个元素的某个属性可能在不同的地方定义了多次，这样它的样式就会发生"层叠"，这时候浏览器究竟应该应用哪种样式呢？

CSS 中以不同规则的"特殊性"来决定应该应用何种样式，特殊性高的规则优先，若两个规则特殊性相同，则后定义的规则优先。

另外，对于正在浏览的同一元素有可能有两个或更多样式对其产生作用，一般有原 HTML 页面作者的样式表、浏览的用户的样式表以及浏览器或用户代理使用的默认样式表，CSS 通过一个称为层叠（cascade）的过程处理这种冲突。层叠给每个规则分配一个重要度，作者的样式表是由站点开发者编写的，被认为是最重要的样式表。用户可以通过浏览器应用自己的样式，这些样式表的重要度低一级。最后是浏览器或用户代理使用的默认样式表，它们的重要度是最低的，所以总是可以覆盖它们。为了让用户有更多的控制能力，可以通过将任何规则指定为!important 来提高它的重要度，让它优先于任何规则，甚至优先于作者加上!important 标记的规则，这种设置能够满足特殊的可访问性需求。

层叠的重要度次序：

（1）标有!important 的用户样式。

（2）标有!important 的作者样式。

（3）作者样式。

（4）用户样式。

（5）浏览器/用户代理应用的样式。

最后根据选择器的特殊性决定规则的次序，具有更特殊选择器的规则优先于具有一般选择器的规则。特殊性的一般规律：行内样式，即用 style 属性编写的规则特殊性最高，其次具有 id 选择器的规则比没有 id 选择器的规则特殊，再次具有 class 选择器的规则比没有 class 选择器的规则特殊，最后如果两个规则特殊性相同，那么后定义的规则优先。

5.4　综合实例

请用本章所学的知识完成下面页面的设计。

表单设计的要求下：

（1）注意页面布局的美观，这只是样例，图片和页面的背景样式可以自己设置。

（2）要求用到本章所学的各种选择器，要用到不少于四种选择器。

（3）图上在两处超链接处分别用椭圆形标出，要求超链接在没有点击前分别显示不同的颜色，而且当鼠标放上去后，鼠标分别变成了光标形状和手的形状。

（4）正常状态下链接的颜色是浅蓝色，当鼠标放在链接上时，链接的颜色变为黑色，鼠标的形状变为手形。

CSS 部分参考代码如下：

```
<style type="text/css">
<!--
body {
        background-color: #6D89DD;
```

```css
            margin-left: 0px;
            margin-top: 0px;
            margin-right: 0px;
            margin-bottom: 0px;
    }
    . style 1 {
            font-size: 24px;
            color: #00a06b;
    }
    . style 2 {
            color: #00A06B;
            font-size: 13px;
    }
    . style 3 {
            color: #0000FF;
            font-size: 14px;
    }
    . style 4 {
            color: #667ebe
    }

    a:link {
            color: #E66133;
            text-decoration: none;
    }
    a:hover {
            color: #637DBC;
            text-decoration: underline;
    }
    a {
            font-size: 12px;
    }
        a:visited {
            text-decoration: none;
    }
    a:active {
            text-decoration: none;
    }
    body,td,th {
            font-size: 12px;
            font-family: 宋体;
    }
    -->
    </style>
```

实例显示效果如图 5-12 所示。

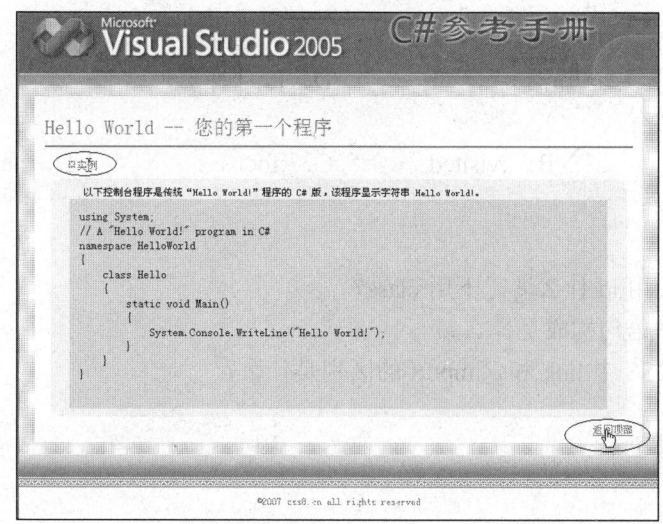

图 5-12　综合实例

 本章小结

当设计好样式之后，需要将样式应用到 HTML 文档中，可以用下面的三种方式将 CSS 应用于 HTML 页面上：内联样式、内部样式表和外部样式表。附加外部样式表有两种方法：链接和导入。链接和导入方式有一些不同之处。附加外部样式表有很多优点，是目前 HTML 文档应用样式最常用的方式。这几种样式表在应用样式时如果发生冲突，将根据一定的层叠规则进行处理。

CSS 由一些定义各种 HTML 页面元素如何显示的规则组成。CSS 规则由一个选择符（selector）和一个声明（declaration）构成。选择符开始一个规则并指出该规则应用到 HTML 文档的哪个部分。声明由属性（properties）和属性的取值（value）组成，声明用来设置指定选择符的样式。在样式表中的规则比较多时，可以通过注释来管理样式表。

要想将 CSS 样式应用于特定的 HTML 元素，需要找到这个元素，这时可以通过选择器找到指定的 HTML 元素，并赋予样式声明，从而实现各种效果。选择器的种类比较多，包括 HTML 标记选择器、class 选择器、id 选择器和一些高级选择器。高级选择器包括伪 CLASS 选择器和伪元素选择器、交集选择器、后代选择器、子选择器和属性选择器等。通过对这些选择器的灵活运用，可以精确地定位 HTML 页面上的各种元素，然后通过 CSS 可以对这些元素应用样式。

 习题五

一、选择题

1. 下列是 CSS 正确的语法构成的是（　　）。
　　A．body:color=black　　　　　　　B．{body;color:black}
　　C．body {color: black;}　　　　　　D．{body:color=black(body}
2. CSS 中的选择器不包括（　　）。

A．超文本标记选择器　　　　　B．类选择器

C．HTML 标记选择器　　　　　D．id 选择器

3．常用的伪类有（　　）。

A．:link　　　　　B．:visited　　　　　C．:focus　　　　　D．:last

二、问答题

1．什么情况下用 id 什么情况下用 class？

2．CSS 的基本语句构成是什么？

3．外部引用 CSS 中 link 和@import 的区别是什么？

 实　训

1．编辑一个外部样式表，它使所有网页中段落的文本显示为如下风格：

● 文字大小：12px。

● 颜色：蓝色。

● 文本对齐：居中。

● 字体：楷体。

● 文字格式：加下划线。

技术要点：

（1）新建一个外部样式表，并且要在 HTML 文件中引入。

（2）主要涉及对 font 属性的设置。

2．定义一个伪类选择器，使超链接具有以下特效：

● 超链接没有下划线。

● 当鼠标指向超链接时，文字从 10pt 变成 12pt，文字加粗。

● 超链接文本在单击前是蓝色，在单击后是红色，并变成斜体。

技术要点：

（1）伪类选择器的使用。

（2）:visited、:hover 这些伪类的使用。

第6章　HTML 网页中的图片

网页中除了文本之外另一个重要的元素就是图像。在制作网页的时候，使用图像的方式主要有两种：在网页中插入图像和使用背景图像。本章主要讲解图像的插入、图像属性的设置、CSS 设置图片样式等基础知识。在网页制作过程中，这些知识点都比较常用，所以读者一定要认真学习并掌握。

- img 标记
- 网页中图片的属性
- 图文混排
- 使用 CSS 样式表设置图片属性

6.1　在网页中加入图片

今天看到的丰富多彩的网页都是因为有了图像，可见图像在网页中的重要性。

在 HTML 页面中可以插入图像，网页常用的图像格式有 JPEG 和 GIF 两种。

（1）JPEG 格式。

JPEG（Joint Photographic Experts Group）是特别为照片图像设计的文件格式。JPEG 支持数百万种色彩。JPEG 是质量有损耗的格式，在压缩时一些图像数据被丢弃了，这降低了最终文件的质量。然而，图像数据被抛弃得很少，不会在质量上有明显的不同。

（2）GIF 格式。

图形交换格式 GIF 是网页图像中很流行的格式。虽然它仅包括 256 种色彩，但 GIF 提供了出色的、几乎没有丢失的图像压缩。并且，GIF 可以包含透明区域和多帧动画。它靠水平扫描像素行、找到固定的颜色区域进行压缩，然后减少同一区域中的像素数量。因此，GIF 通常适用于卡通、图形、Logo、带有透明区域的图形、动画等。

页面中插入图片可以起到美化的作用。插入图片的标记只有一个，即<img>标记。

插入图片的时候，仅仅使用<img>标记是不够的，需要配合其他的属性来完成，如表 6-1 所示。

1. 图像的源文件属性 src

    <img src=" img_file_url">

img_file_url 为要插入图像的路径。

表 6-1　<img>标记的属性

属性	描述
src	图像的源文件
alt	提示文字
width,height	宽度、高度
border	边框
vspace	垂直间距
hspace	水平间距
align	排列

例 6-1　插入图片。

01　<!--6-1.html-->

02　<!DOCTYPE html PUBLIC "-//W3C//DTD XHTML 1.0 Transitional//EN"
　　"http://www.w3.org/TR/xhtml1/DTD/xhtml1-transitional.dtd">

03　<html xmlns="http://www.w3.org/1999/xhtml">

04　<head>

05　<meta http-equiv="Content-Type" content="text/html; charset=utf-8" />

06　<title>插入图片</title>

07　</head>

08　<body>

09　<img src="素材 1.jpg" />

10　<p>珠穆朗玛峰（Jo-mo glang-ma），简称珠峰，又意译作圣母峰，位于中华人民共和国和尼泊尔交界的喜马拉雅山脉之上，终年积雪。是亚洲和世界第一高峰。</p>

　　……

11　<p>珠穆朗玛峰高大巍峨的形象一直在当地甚至全世界范围内产生着影响。第四版人民币十元的背面图案就是珠穆朗玛峰。</p>

12　</body>

13　</html>

显示结果如图 6-1 所示。

珠穆朗玛峰(Jo-mo glang-ma)，简称珠峰，又意译作圣母峰，位于中华人民共和国和尼泊尔交界的喜马拉雅山脉之上，终年积雪。是亚洲和世界第一高峰。藏语"珠穆朗玛jo-mo glang-ma ri"就是"大地之母"的意思。藏语Jo-mo"珠穆"是女神的之意，glang-ma"朗玛"应该理解成母象（在藏语里，glang-ma有两中意思；高山柳和母象）。神话说珠穆朗玛峰是长寿五天女（tshe-ring mched lnga）所居住的宫室。西方普遍称这山峰作额菲尔士峰或艾佛勒斯峰(Mount Everest)，是纪念英国人占领尼泊尔之时，负责测量喜马拉雅山脉的印度测量局局长乔治-额菲尔士(George Everest)。珠穆朗玛峰最近的一次测量在1999年，是由美国国家地理学会使用全球卫星定位系统测定，他们认为珠峰的海拔高度应该为8850米。现在中华人民共和国公认的珠穆朗玛峰的海拔高度由中华人民共和国登山队于1975年测定，是8848.13米。但外界也有8848米、8840米、8850米、8882米等多种说法。最近，2005年5月22日中华人民共和国重测珠峰高度测量登山队成功登上珠穆朗玛峰峰顶，再次精确测量珠峰高度，测得新高度为8844.43米。同时停用1975年的8848.13米。有趣的是，珠穆朗玛峰虽然是世界第一高峰，但是它的峰顶却不是距离地心最远的一点，这个特殊的点属于南美洲的钦博拉索山。珠穆朗玛峰高大巍峨的形象一直在当地甚至全世界的范围内产生着影响。第四版人民币十元的背面图案就是珠穆朗玛峰。

图 6-1　插入图片

2. 图像的提示文字属性 alt

提示文字有两个作用。当浏览该网页时，如果图像下载完成，鼠标放在该图像上，鼠标旁边会出现提示文字。也就是说，当鼠标指向图像上方的时候，稍等片刻，可以出现图像的提示性文字，这用于说明或者描述图像。第二个作用是，如果图像没有被下载，在图像的位置上就会显示提示文字。

<img src="file_name" alt="说明提示的文字">

例 6-2 alt 属性。

```
01   <!--6-2.html -->
02   <!DOCTYPE html PUBLIC "-//W3C//DTD XHTML 1.0 Transitional//EN" 0
     "http://www.w3.org/TR/xhtml1/DTD/xhtml1-transitional.dtd">
03   <html xmlns="http://www.w3.org/1999/xhtml">
04   <head>
05   <meta http-equiv="Content-Type" content="text/html; charset=utf-8" />
06   <title>alt 属性</title>
07   </head>
08   <body>
09   <img src="素材 1.jpg" alt="珠穆朗玛峰" />
10   <p>珠穆朗玛峰（Jo-mo glang-ma），简称珠峰，又意译作圣母峰，位于中华人民共和国和尼泊
     尔交界的喜马拉雅山脉之上，终年积雪。是亚洲和世界第一高峰。</p>
     ……
11   <p>"喜马拉雅"在藏语中就是"冰雪之乡"的意思。这里终年冰雪覆盖，一座座冰峰如倚
     天的宝剑，一条条冰川像蜿蜒的银蛇。其中最为高耸的则是位于中国和尼泊尔边界上的珠穆
     朗玛峰，它高达 8844.43 米，是世界最高峰。</p>
12   </body>
13   </html>
```

显示结果如图 6-2 所示。

珠穆朗玛峰(Jo-mo glang-ma)，简称珠峰，又意译作圣母峰，位于中华人民共和国和尼泊尔交界的喜马拉雅山脉之上，终年积雪。是亚洲和世界第一高峰。藏语"珠穆朗玛jo-mo glang-ma n"就是"大地之母"的意思。藏语Jo-mo"珠穆"是女神之意，glang-ma"朗玛"应该理解成母象（在藏语里，glang-ma有两中意思。高山柳和母象）。神话说珠穆朗玛峰是长寿五天女（tshe-ring mched lnga）所居住的宫室。西方普遍称这山峰作额菲尔士峰或艾佛勒斯峰(Mount Everest)，是纪念英国人占领尼泊尔之时，负责测量喜马拉雅山脉的印度测量局局长乔治·额菲尔士(George Everest)。珠穆朗玛峰最近的一次测量在1999年，是由美国国家地理学会使用全球卫星定位系统测定的，他们认为峰顶的海拔高度应该为8850米。现在中华人民共和国公认的珠穆朗玛峰的海拔高度由中华人民共和国登山队于1975年测定，是8848.13米。但外界也有8848米、8840米、8850米、8882米等多种说法。最近，2005年5月22日中华人民共和国重测珠峰高度登山队成功登上珠穆朗玛峰峰顶，再次精确测量珠峰高度，珠峰新高度为8844.43米。同时停用1975年的8848.13米。 有趣的是，珠

图 6-2 图片的提示文字

3. 图像的宽度和高度属性 width 和 heigh

默认情况下，页面中的图像的显示大小就是图片默认的宽度和高度，也可以手动更改图片的大小。但是建议使用专业的图像编辑软件对图像进行宽度和高度的调整。

```
<img src="file_name" width="value" height="value">
```

图像的宽度和高度的单位可以是像素，也可以是百分比。

例 6-3　设置图片宽度高度。

```
01    <!--6-3.html-->
02    <!DOCTYPE html PUBLIC "-//W3C//DTD XHTML 1.0 Transitional//EN"
      "http://www.w3.org/TR/xhtml1/DTD/xhtml1-transitional.dtd">
03    <html xmlns="http://www.w3.org/1999/xhtml">
04    <head>
05    <meta http-equiv="Content-Type" content="text/html; charset=utf-8" />
06    <title>设置图片宽度高度</title>
07    </head>
08    <body>
09    <img src="素材 1.jpg" width="300" height="212" />
10    <p>珠穆朗玛峰(Jo-mo glang-ma)，简称珠峰，又意译作圣母峰，位于中华人民共和国和尼泊
      尔交界的喜马拉雅山脉之上，终年积雪。是亚洲和世界第一高峰。</p>
      ......
11    <p>珠穆朗玛峰高大巍峨的形象一直在当地甚至全世界范围内产生着影响。第四版人民币十元
      的背面图案就是珠穆朗玛峰。</p>
12    </body>
13    </html>
```

显示结果如图 6-3 所示。

珠穆朗玛峰(Jo-mo glang-ma)，简称珠峰，又意译作圣母峰，位于中华人民共和国和尼泊尔交界的喜马拉雅山脉之上，终年积雪。是亚洲和世界第一高峰。藏语"珠穆朗玛jo-mo glang-ma ri"就是"大地之母"的意思。藏语Jo-mo"珠穆"是女神的之意，glang-ma"朗玛"应该理解成母象（在藏语里，glang-ma有两中意思，高山柳和母象）。神话说珠穆朗玛峰是长寿五天女（tshe-ring mched lnga）所居住的宫室。西方普遍称这山峰作额菲尔士峰或艾佛勒斯峰(Mount Everest)，是纪念英国人占领尼泊尔之时，负责测量喜马拉雅山脉的印度测量局局长乔治·额菲尔士(George Everest)。珠穆朗玛峰最近的一次测量在1999年，是由美国国家地理学会使用全球卫星定位系统测定的，他们认为珠峰的海拔高度应该为8850米。现在中华人民共和国公认的珠穆朗玛峰的海拔高度由中华人民共和国登山队于1975年测定，是8848.13米。但外界也有8848米、8840米、8850米、8882米等多种说法。最近，2005年5月22日中华人民共和国重测珠峰高度测量登山队成功登上珠穆朗玛峰峰顶，再次精确测量珠峰高度，珠峰新高度为8844.43米。同时停用1975年的8848.13米。有趣的是，珠穆朗玛峰虽然是世界第一高峰，但是它的峰顶却不是距离地心最远的一点。这个特殊的点属于南美洲的钦博拉索山。珠穆朗玛峰高大巍峨的形象一直在当地甚至全世界的范围内产生着影响。第四版人民币十元的背面图案就是珠穆朗玛峰。

图 6-3　改变图像大小

4. 图像的边框属性 border

默认的图片是没有边框的，通过 border 属性可以为图像添加边框线。可以设置边框的宽度，但边框的颜色是不可以调整的。当图像上没有添加链接的时候，边框的颜色为黑色；当图像上添加了链接时，边框的颜色和链接文字颜色一致，默认为深蓝色。

```
<img src="file_name" border="value">
```

value 为边框线的宽度，单位为像素。

例 6-4　设置图片边框。

```
01    <!--6-4.html-->
02    <!DOCTYPE html PUBLIC "-//W3C//DTD XHTML 1.0 Transitional//EN"
      "http://www.w3.org/TR/xhtml1/DTD/xhtml1-transitional.dtd">
03    <html xmlns="http://www.w3.org/1999/xhtml">
04    <head>
```

```
05    <meta http-equiv="Content-Type" content="text/html; charset=utf-8" />
06    <title>设置图片边框</title>
07    </head>
08    <body>
09    <img src="素材 1.jpg" border="5" />
10    <p>珠穆朗玛峰（Jo-mo glang-ma），简称珠峰，又意译作圣母峰，位于中华人民共和国和尼泊
      尔交界的喜马拉雅山脉之上，终年积雪。是亚洲和世界第一高峰。</p>
      ……
11    <p>珠穆朗玛峰高大巍峨的形象一直在当地甚至全世界范围内产生着影响。第四版人民币十元
      的背面图案就是珠穆朗玛峰。</p>
12    </body>
13    </html>
```

显示结果如图 6-4 所示。

珠穆朗玛峰(Jo-mo glang-ma)，简称珠峰，又意译作圣母峰，位于中华人民共和国和尼泊尔交界的喜马拉雅山脉之上，终年积雪。是亚洲和世界第一高峰。藏语"珠穆朗玛"jo-mo glang-ma n"就是"大地之母"的意思。藏语Jo-mo"珠穆"是女神之之意，glang-ma"朗玛"应该理解成母象（在藏语里，glang-ma有两中意思，高山柳和母象）。神话说珠穆朗玛峰是长寿五天女（tshe-ring mched lnga）所居住的宫室。西方普遍称这山峰作额菲尔士峰或艾佛勒斯峰(Mount Everest)，是纪念英国人占领尼泊尔之时，负责测量喜马拉雅山脉的印度测量局局长乔治·额菲尔士(George Everest)。珠穆朗玛峰最近的一次测量在1999年，是由美国国家地理学会使用全球卫星定位系统测定的，他们认为珠峰的海拔高度应该为8850米。现在中华人民共和国公认的珠穆朗玛峰的海拔高度由中华人民共和国登山队于1975年测定，是8848.13米。但外界也有8848米、8840米、8850米、8882米等多种说法。最近，2005年5月22日中华人民共和国重测珠峰高度测量登山队成功登上珠穆朗玛峰峰顶，再次精确测量珠峰高度，珠峰新高度为8844.43米。同时停用1975年的8848.13米。有趣的是，珠穆朗玛峰虽然是世界第一高峰，但是它的峰顶却不是距离地心最远的一点。这个特殊的点属于南美洲的钦博拉索山。珠穆朗玛峰高大巍峨的形象一直在当地甚至全世界的范围内产生着影响。第四版人民币十元的背面图案就是珠穆朗玛峰。

图 6-4　图像的边框

5．图像的垂直间距属性 vspace

图像和文字之间的距离是可以调整的，这个属性用来调整图像和文字之间的上下距离。

```
      <img src="file_name" vspace="value">
```

value 为图片垂直方向上和文字的距离，单位是像素。

例 6-5　设置图片垂直间距。

```
01    <!--6-5.html-->
02    <!DOCTYPE html PUBLIC "-//W3C//DTD XHTML 1.0 Transitional//EN"
      "http://www.w3.org/TR/xhtml1/DTD/xhtml1-transitional.dtd">
03    <html xmlns="http://www.w3.org/1999/xhtml">
04    <head>
05    <meta http-equiv="Content-Type" content="text/html; charset=utf-8" />
06    <title>设置图片垂直间距</title>
07    </head>
08    <body>
09    <img src="素材 1.jpg" vspace="30" />
10    <p>珠穆朗玛峰（Jo-mo glang-ma），简称珠峰，又意译作圣母峰，位于中华人民共和国和尼泊
```

尔交界的喜马拉雅山脉之上，终年积雪。是亚洲和世界第一高峰。</p>

11　……

<p>珠穆朗玛峰高大巍峨的形象一直在当地甚至全世界范围内产生着影响。第四版人民币十元的背面图案就是珠穆朗玛峰。</p>

12　</body>

13　</html>

显示结果如图 6-5 所示。

珠穆朗玛峰(Jo-mo glang-ma)，简称珠峰，又意译作圣母峰，位于中华人民共和国和尼泊尔交界的喜马拉雅山脉之上，终年积雪。是亚洲和世界第一高峰。藏语 "珠穆朗玛jo-mo glang-ma ri" 就是 "大地之母" 的意思。藏语Jo-mo "珠穆" 是女神之意，glang-ma "朗玛" 应该理解成母象（在藏语里，glang-ma有 "网中意思；高山柳和母象"）。神话说珠穆朗玛峰是长寿五天女（tshe-ring mched lnga）所居住的宫室。西方普遍称这山峰作额菲尔士峰或艾佛勒斯峰(Mount Everest)，是纪念英国人占领尼泊尔之时，负责测量喜马拉雅山脉的印度测量局局长乔治·额菲尔士(George Everest)。珠穆朗玛峰最近的一次测量在1999年，是由美国国家地理学会使用全球卫星定位系统测定的，他们认为珠峰的海拔高度应该为8850

图 6-5　图片的垂直间距

6. 图像的水平间距属性 hspace

图像和文字之间的距离是可以调整的，这个属性用来调整图像和文字之间的左右距离。

　　　　<img src="file_name" hspace="value">

value 为图片水平方向上和文字的距离，单位是像素。

例 6-6　设置图片水平间距。

01　<!--6-6.html-->

02　<!DOCTYPE html PUBLIC "-//W3C//DTD XHTML 1.0 Transitional//EN"
　　　"http://www.w3.org/TR/xhtml1/DTD/xhtml1-transitional.dtd">

03　<html xmlns="http://www.w3.org/1999/xhtml">

04　<head>

05　<meta http-equiv="Content-Type" content="text/html; charset=utf-8" />

06　<title>设置图片水平间距</title>

07　</head>

08　<body>

09　<img src="素材 1.jpg" hspace="30" />

10　<p>珠穆朗玛峰（Jo-mo glang-ma），简称珠峰，又意译作圣母峰，位于中华人民共和国和尼泊尔交界的喜马拉雅山脉之上，终年积雪。是亚洲和世界第一高峰。</p>

　　　　……

11　<p>珠穆朗玛峰高大巍峨的形象一直在当地甚至全世界范围内产生着影响。第四版人民币十元的背面图案就是珠穆朗玛峰。</p>

12　</body>

13　</html>

显示结果如图 6-6 所示。

图 6-6　图片的水平间距

6.2　图片与文字的排版

图像和文字之间的排列通过 align 属性来设定。图像的绝对对齐方式和相对文字对齐方式是不一样的。绝对对齐方式的效果和文字的对齐一样，只有 3 种：居左、居右、居中；而相对文字对齐方式是指图像与一行文字的相对位置。

- "基线"（baseline）、"底部"（bottom）、"绝对底部"（absolute bottom）效果相同，是指图像底端与文字的底端对齐。
- 对于中文"顶端"（top）、"文本上方"（texttop）方式是指图像顶端和文字行最高字符的顶端对齐。
- "中间"（middle）方式是指图像的中间线和文字的底端对齐。
- "绝对中间"（absolute middle）是指图像的中间线和文字的底端对齐。"绝对中间"对齐方式用处比较大，文字前如有小图标，那么图标应该使用"绝对中间"对齐方式。

其中 align 的属性值如表 6-2 所示。

表 6-2　图片排列 align 属性

值	描述
top	文字的中间线居在图片上方
middle	文字的中间线居在图片中间
bottom	文字的中间线居在图片底部
left	图片在文字的左侧
right	图片在文字的右侧
absbottom	文字的底线居在图片底部
absmiddle	文字的底线居在图片中间
baseline	英文文字基准线对齐
texttop	英文文字上边线对齐

例 6-7　align 属性的应用。

```
01    <!--6-7.html-->
02    <!DOCTYPE html PUBLIC "-//W3C//DTD XHTML 1.0 Transitional//EN"
      "http://www.w3.org/TR/xhtml1/DTD/xhtml1-transitional.dtd">
```

```
03    <html xmlns="http://www.w3.org/1999/xhtml">
04    <head>
05    <meta http-equiv="Content-Type" content="text/html; charset=utf-8" />
06    <title>img 标记及其属性</title>
07    </head>
08    <body>
09    <img src="素材 1.jpg" width="300" height="212" hspace="10" vspace="5" align="left"/>
10    <p>珠穆朗玛峰（Jo-mo glang-ma），简称珠峰，又意译作圣母峰，位于中华人民共和国和尼泊
      尔交界的喜马拉雅山脉之上，终年积雪。是亚洲和世界第一高峰。</p>
      ……
11    <p>珠穆朗玛峰高大巍峨的形象一直在当地甚至全世界的范围内产生着影响。第四版人民币十
      元的背面图案就是珠穆朗玛峰。</p>
12    <hr />
13    <img src="素材 1.jpg" width="300" height="212" hspace="10" vspace="5" align="right"/>
14    <p>珠穆朗玛峰（Jo-mo glang-ma），简称珠峰，又意译作圣母峰，位于中华人民共和国和尼泊
      尔交界的喜马拉雅山脉之上，终年积雪。是亚洲和世界第一高峰。</p>
      ……
15    <p>珠穆朗玛峰高大巍峨的形象一直在当地甚至全世界范围内产生着影响。第四版人民币十元
      的背面图案就是珠穆朗玛峰。</p>
16    <hr />
17    <img src=" 素 材 1.jpg" width="300" height="212" hspace="10" vspace="5"
      align="middle"/>
18    <p>珠穆朗玛峰（Jo-mo glang-ma），简称珠峰，又意译作圣母峰，位于中华人民共和国和尼泊
      尔交界的喜马拉雅山脉之上，终年积雪。是亚洲和世界第一高峰。</p>
      ……
19    <p>珠穆朗玛峰高大巍峨的形象一直在当地甚至全世界范围内产生着影响。第四版人民币十元
      的背面图案就是珠穆朗玛峰。</p>
20    </body>
21    </html>
```

显示结果如图 6-7 所示。

图 6-7　图像的排列

6.3　网页背景图片

1. 设置页面背景颜色

主体标记<body>中的 bgcolor 属性可以用来设定整个页面的背景颜色。

　　　　<body bgcolor="color_value">

与文字颜色相似，也是使用颜色名称或者十六进制值来表现颜色效果。color_value 指的就是颜色的值。

例 6-8　设置页面背景颜色。

```
01   <!--6-8.html-->
02   <!DOCTYPE html PUBLIC "-//W3C//DTD XHTML 1.0 Transitional//EN"
     "http://www.w3.org/TR/xhtml1/DTD/xhtml1-transitional.dtd">
03   <html>
04   <head>
05   <meta http-equiv="Content-Type" content="text/html; charset=utf-8" />
06   <title>设置页面背景颜色</title>
07   </head>
08   <body bgcolor="#336699" text="#FFFFFF">
09        <center><p>页面背景颜色为深蓝色，文字颜色为白色</p></center>
10   </body>
11   </html>
```

显示结果如图 6-8 所示。

图 6-8　页面中的深蓝色背景

2. 设置页面背景图片

页面中可以使用 JPG 或 GIF 图片作为页面的背景图，通过主体标记<body>中的 background 属性来实现。它与向网页中插入图片不同，放在网页的最底层，文字和图片等都位于它的上面，文字、图片等会覆盖背景图片。在默认的情况下，背景图片在水平方向和垂直方向上会不断重复出现，直到铺满整个网页。

　　　　<body background="img_file_url">

img_file_url 是指图片文件的路径。

例 6-9　设置页面背景图片。

```
01   <!--6-9.html-->
02   <!DOCTYPE html PUBLIC "-//W3C//DTD XHTML 1.0 Transitional//EN"
     "http://www.w3.org/TR/xhtml1/DTD/xhtml1-transitional.dtd">
03   <html>
04   <head>
05   <meta http-equiv="Content-Type" content="text/html; charset=utf-8" />
06   <title>设置页面背景图片</title>
07   </head>
08   <body background="素材 2.jpg ">
```

```
09          <center><p>设置页面的背景图片</p></center>
10    </body>
11    </html>
```

显示结果如图 6-9 所示。

图 6-9   页面中的背景图片

6.4   利用 CSS 样式在网页中加入图片

本节将介绍使用 CSS 去控制图像边框、文本图像环绕以及定义图像和其他页面元素之间间隔等属性的方法。

1. 应用 CSS 图像边框

6.1 节介绍 img 元素的 border 属性时，只提到可以给图片加上边框，但是无法改变边框的颜色，无法设置边框线型，无法分别设置上下左右 4 条边框的样式，而 CSS 样式表更为灵活，可以通过 CSS 设置丰富的边框样式。CSS 边框属性如表 6-3 所示。

表 6-3   边框属性

属性	描述
border	边框
border-top	上边框
border-right	右边框
border-bottom	下边框
border-left	左边框
border-width	边框宽度
border-style	边框样式
boder-color	边框颜色
border-top-width	上边框宽度
border-right-width	右边框宽度
border-bottom-width	下边框宽度
border-left-width	左边框宽度

属性	描述
border-top-style	上边框样式
border-right-style	右边框样式
border-bottom-style	下边框样式
border-left-style	左边框样式
border-top-color	上边框颜色
border-right-color	右边框颜色
border-bottom-color	下边框颜色
border-left-color	左边框颜色

例 6-10　利用 CSS 样式设置图片。

将图片上下左右 4 条边框统一设置成宽 3 像素、实线、蓝色。

```
01    <!--6-10.html-->
02    <!DOCTYPE html PUBLIC "-//W3C//DTD XHTML 1.0 Transitional//EN"
      "http://www.w3.org/TR/xhtml1/DTD/xhtml1-transitional.dtd">
03    <html>
04    <head>
05    <meta http-equiv="Content-Type" content="text/html; charset=utf-8" />
06    <title>利用 CSS 样式在网页中加入图片</title>
07    <style>
08    img {
09         border:3px solid red;
10    }
11    </style>
12    </head>
13    <body>
14    <img src="素材 1.jpg" />
15    </body>
16    </html>
```

也可以分开来写：

```
01    <!--6-10.html-->
02    <!DOCTYPE html PUBLIC "-//W3C//DTD XHTML 1.0 Transitional//EN"
      "http://www.w3.org/TR/xhtml1/DTD/xhtml1-transitional.dtd">
03    <html>
04    <head>
05    <meta http-equiv="Content-Type" content="text/html; charset=utf-8" />
06    <title>利用 CSS 样式在网页中加入图片</title>
07    <style>
08    img{
09         border-width:3px;
10         border-style:solid;
11         border-color:red;
12    }
13    </style>
14    </head>
15    <body>
```

```
16    <img src="素材 1.jpg" />
17    </body>
18    </html>
```

显示结果如图 6-10 所示。

图 6-10　设置图片的边框样式

分别给图片上下左右设置不同的边框样式。

例 6-11　设置不同的边框样式。

```
01    <!--6-11.html-->
02    <!DOCTYPE html PUBLIC "-//W3C//DTD XHTML 1.0 Transitional//EN"
      "http://www.w3.org/TR/xhtml1/DTD/xhtml1-transitional.dtd">
03    <html>
04    <head>
05    <meta http-equiv="Content-Type" content="text/html; charset=utf-8" />
06    <title>利用 CSS 样式在网页中加入图片</title>
07    <style>
08    img {
09        border-top:3px solid blue;
10        border-right:4px dashed blue;
11        border-bottom:5px double red;
12        border-left:6px dotted red;
13    }
14    </style>
15    </head>
16    <body>
17    <img src="素材 1.jpg" />
18    </body>
19    </html>
```

显示结果如图 6-11 所示。

图 6-11　设置图片上下左右边框的不同样式

2. 使用 CSS 设置图文环绕

可以使用 float、margin 和 padding 属性使正文环绕一个图像。

- float：设置元素向左或向右浮动。
- margin：设置图像到其他元素的间距。
- padding：设置图像到边框的间距。

例 6-12　设置图文环绕。

```
01  <!--6-12.html-->
02  <!DOCTYPE html PUBLIC "-//W3C//DTD XHTML 1.0 Transitional//EN"
    "http://www.w3.org/TR/xhtml1/DTD/xhtml1-transitional.dtd">
03  <html xmlns="http://www.w3.org/1999/xhtml">
04  <head>
05  <meta http-equiv="Content-Type" content="text/html; charset=utf-8" />
06  <title>img 标记及其属性</title>
07  <style>
08  img {
09      width:300px;
10      height:212px;
11      float:left;
12      padding:10px;
13      margin:15px;
14  }
15  </style>
16  </head>
17  <body>
18  <img class="left" src="素材 1.jpg" />
19  <p>珠穆朗玛峰（Jo-mo glang-ma），简称珠峰，又意译作圣母峰，位于中华人民共和国和尼泊
    尔交界的喜马拉雅山脉之上，终年积雪。</p>
    ......
20  <p>珠穆朗玛峰高大巍峨的形象一直在当地甚至全世界范围内产生着影响。第四版人民币十元
    的背面图案就是珠穆朗玛峰。</p>
21  </body>
22  </html>
```

显示结果如图 6-12 所示。

珠穆朗玛峰(Jo-mo glang-ma)，简称珠峰，又意译作圣母峰，位于中华人民共和国和尼泊尔交界的喜马拉雅山脉之上，终年积雪。是亚洲和世界第一高峰。藏语"珠穆朗玛jo-mo glang-ma ri"就是"大地之母"的意思。藏语Jo-mo"珠穆"是女神的之意，glang-ma"朗玛"应该理解成母象（在藏语里，glang-ma有两中意思：高山柳和母象）。神话说珠穆朗玛峰是长寿五天女（tshe-ring mched lnga）所居住的宫室。西方普遍称这山峰作额菲尔士峰或艾佛勒斯峰(Mount Everest)，是纪念英国人占领尼泊尔之时，负责测量喜马拉雅山脉的印度测量局局长乔治·额菲尔士(George Everest)。珠穆朗玛峰最近的一次测量是在1999年，是由美国国家地理学会使用全球卫星定位系统测定的，他们认为珠峰的海拔高度应该为8850米。现在中华人民共和国公认的珠穆朗玛峰的海拔高度由中华人民共和国登山队于1975年测定，是8848.13米。但外界也有8848、8840米、8850米、8882米等多种说法。最近，2005年5月22日中华人民共和国重测珠峰高度测量登山队成功登上珠穆朗玛峰峰顶，再次精确测量珠峰高度，珠峰新高度为8844.43米。同时停用1975年的8848.13米。有趣的是，珠穆朗玛峰虽然是世界第一高峰，但是它的峰顶却不是距离地心最远的一点。这个特殊的点属于南美洲的钦博拉索山。珠穆朗玛峰高大巍峨的形象一直在当地甚至全世界的范围内产生着影响。第四版人民币十元的背面图案就是珠穆朗玛峰。

图 6-12　使用 CSS 样式使图文环绕

6.5　综合实例

使用本章所学内容制作如图 6-13 所示的页面。

设计要求如下：

- 第一张图片居左放置，要求设置右侧和下侧的间距以及边框。
- 第二张图片居右放置，要求设置左侧和下侧的间距以及边框。
- 段落设置首行缩进。
- 小标题下方有边框线。

步骤如下：

（1）编写 HTML 代码，将页面中的所有元素列举出来，并设定一些简单样式。

```
<body>
<h1 align="center" >震撼人心之美 中国雄伟山峰攀登攻略</h1>
<img src="素材 3.jpg " width="400" height="280" />
<h3><strong>南迦巴瓦峰</strong></h3>
<p>南迦巴瓦峰是林芝地区最高的山，海拔 7782 米，高度排在世界最高峰行列的第 15 位，但它前
    面的 14 座高山全是海拔 8000 米以上山峰，因此南迦巴瓦是 7000 米级山峰中的最高峰。</p>
……
<p>现在看到的加拉白垒峰顶永远都是圆圆的形状，那是因为它是一座无头山：南迦巴瓦则大概自
    知罪孽深重，所以常年云遮雾罩不让外人一窥。</p>
<img src="素材 4.jpg " width="320" height="400" />
<h3><strong>贡嘎山</strong></h3>
<p>四川省贡嘎山（Minya　Konka）坐落在青藏高原东部边缘，在横断山系的大雪山中段，位于大
    渡河与雅砻江之间。</p>
……
<p>山下的取登贡寺、衮玛顶寺是藏民朝拜神山的寺宇。每年云南、西藏、四川、青海、甘肃的藏
    民都要前来朝拜，有浓郁的藏族习俗，是人们登临探险的旅游圣地。</p>
</body>
```

（2）在样式表 CSS 中设定居左图片的样式.left。

```
.left {
    float:left;
    margin-right:20px;
    margin-bottom:15px;
    margin-top:40px;
    padding-right:20px;
    padding-bottom:20px;
    padding-top:0;
    border-bottom:1px #999999 dotted;
    border-right:1px #999999 dotted;
}
```

（3）在样式表 CSS 中设定居右图片的样式.right。

```
.right {
    float:right;
    margin-left:20px;
    margin-bottom:15px;
    margin-top:40px;
    padding-left:20px;
    padding-bottom:20px;
```

```
        padding-top:0;
        border-bottom:1px #999999 dotted;
        border-left:1px #999999 dotted;
    }
```

（4）在样式表 CSS 中对一级标题"h1"、三级标题"h3"、段落标记"p"进行样式设定。

```
h1 {
        font-family:黑体;
    }
h3 {
        font-size:16px;
        color:#666666;
        margin-top:30px;
        border-bottom:1px #999999 dotted;
        padding-bottom:5px;
    }
p {
        font-size:14px;
        text-indent:2em;
    }
```

（5）设定全局的边距属性。

```
* {
        padding:10px 0;
        margin:0 30px;
    }
```

综合实例效果如图 6-13 所示。

图 6-13　综合实例

 本章小结

使用<img>标记可以在网页中加入图片，<img>标记常用的属性包括 scr、alt、width、height、border、vspace、hspace 等。通过 align 属性可以设置图片与文字环绕样式。在<body>标记中使用 bgcolor 可以为页面添加背景颜色，使用 background 属性可以为页面添加背景图片。CSS 样式表中可以分别设置图片上下左右边框的边框样式、边框颜色、边框粗细等属性。

 习题六

一、选择题

1. <img>标记中链接图片的属性是（   ）。
   A．href   B．type
   C．src   D．align
2. 下列选项中，不是标记<img>的属性的是（   ）。
   A．border   B．align
   C．height   D．href
3. 常用的网页图像格式有（   ）和（   ）。
   A．gif，tiff   B．tiff，jpg
   C．gif，jpg   D．tiff，png
4. 若要是设计网页的背景图形为 bg.jpg，以下标记中，正确的是（   ）。
   A．<body background="bg.jpg">   B．<body bground="bg.jpg">
   C．<body image="bg.jpg">   D．<body bgcolor="bg.jpg">

二、填空题

1. 设置网页背景颜色为绿色的语句是_____。
2. 设定图片边框的属性是_____。
3. 设定图片上下留空的属性是_____，设定图片左右留空的属性是_____。

实 训

使用本章所学设置图片属性的方法完成如图 6-14 所示的页面效果。
- 文字大小：12px。
- 背景颜色：灰色。
- 图片对齐：居右。
- 图片边框颜色：白色。
- 图片边框宽度：上左右边框宽 5 像素，下边框宽 10 像素。
- 图片间距：左边距、下边距 20 像素。
技术要点：

（1）CSS 设置图文环绕。

（2）CSS 设置图像边框。

（3）设置页面背景颜色。

（4）设置图像间距。

图 6-14　实训页面

第7章　创建超链接

网站是由多个网页组成的，通过超链接将每一个单独的页面组成一个整体。超链接能够实现页面与页面之间的跳转，从而有机地将网站中的每个页面联系起来。链接是一个网站的灵魂。在 HTML 语言中创建链接非常方便，但超链接的原理对于一个网站却至关重要。理解一些关于链接的基本概念和原理，不仅有助于 HTML 链接标记的使用，而且对于其他网页制作软件的使用，以及对于高层次的网页编程等都有很大的帮助。

- 超链接的概念
- 链接标记
- 使用 CSS 样式设置书签格式
- 图片链接
- 图片映射

7.1　超链接概述

超链接是一个网站的灵魂。一个网站是由多个页面组成的，创建超链接有利于页面与页面之间的跳转，从而将整个网站中的页面有机地连接起来，它是网页中至关重要的元素。一般情况是将鼠标光标移至超链接处时显示为下划线，单击鼠标即可跳转到超链接的相应页面。

每一个网页都有独一无二的地址，即 URL。打开浏览器，在地址栏中输入 http://www.163.com，然后回车，会打开网易的主页面。可以看到，页面中有多个栏目，如图 7-1 所示。

图 7-1　网易首页

单击最上方的"电影"栏目可以打开相应的内容，如图 7-2 所示，这时浏览器就打开了电影栏目的页面，链接就实现了。

图 7-2　网易电影页面

这个网易网站首页的栏目实际上就是一个非常典型的超链接应用，单击链接文字或图像后，就可以跳到下一个页面上。

7.2　超链接标记<a>及其属性

超链接标记虽然在网页设计制作中占有不可替代的地位，但是其标记只有一个，即<a>标记。本章介绍的超链接应用都是基于<a>标记基础上的。语法如下：

　　　<a href="file_url" >链接文字</a>

超链接标记的属性如表 7-1 所示。

表 7-1　超链接标记<a>的属性

属性	描述
href	指定链接地址
name	给链接命名
title	给链接提示文字
target	指定链接的目标窗口
accesskey	链接热键

每一个文件都有自己的存放位置和路径，理解一个文件到要链接的文件之间的路径关系式是创建超链接的根本。

URL——统一资源定位器，指的就是每一个网站都具有的独立的地址。同一个网站下的每一个网页都属于同一个地址下，但是，当创建网页时，不可能也不需要为每一个链接都输入完全的地址。我们只需要确定当前文档同站点根目录之间的相对路径关系。因此，链接可以分为以下 3 种：

- 绝对路径
- 相对路径
- 根路径

在了解这 3 种地址形式前要理解另外两个概念：内部链接和外部链接。

内部和外部都是相对于站点文件夹而言的，如果链接指向的是站点文件夹之内的文件，就是内部链接。如果链接指向站点文件夹之外的，就被称为外部链接。在添加外部链接的时候，将用到下面所讲的绝对地址；而添加内部链接的时候，将用到下面所讲的根目录相对地址和文件相对地址。

1．绝对路径

绝对路径为文件提供完全的路径，包括适用的协议，如 http、ftp、rtsp 等。一般常见的有：

http://www.163.com   ftp://202.136.254.1

当链接到其他网站中的文件时，必须使用绝对链接。

2．相对路径

相对路径是最适合网站的内部链接的。只要是属于同一网站之下的，即使不在同一个目录下，相对链接也非常适合。文件相对地址是书写内部链接的理想形式。只要是处于站点文件夹之内，相对地址可以自由地在文件之间构建链接。这种地址形式利用的是构建链接的两个文件之间的相对关系，不受站点文件夹所处服务器位置的影响。因此这种书写形式省略了绝对地址中的相同部分。这样做的优点是：站点文件夹所在的服务器地址发生改变时，文件夹的所有内部链接都不会出现问题。

相对链接的使用方法为：

- 如果链接到同一目录下，则只需输入要链接文档的名称。
- 如链接到下一级目录中的文件，只需先输入目录名，然后加"/"，再输入文件名。
- 如链接到上一级目录中的文件，则先输入"../"，再输入目录名、文件名。

如图 7-3 所示是一个站点局部的目录结构。

图 7-3   某个站点的目录结构

要从 news1.html 链接到 news2.html，只需在设置链接的位置输入 news2.html。

要从 news3.html 链接到国内新闻目录中的 news2.html，只需输入"国内新闻/news2.html"。

要从 news1.html 链接到上一级目录中的 news3.html，只需输入../news3.html。

3．根路径

根目录相对地址同样适用于创建内部链接，但大多数情况下，不建议使用此种地址形式。它在下列情况下使用：

- 当站点的规模非常大，放置于几个服务器上时。
- 当一个服务器上同时放置几个站点时。

根目录相对地址的书写形式也很简单，首先以一个斜杠开头，代表根目录，然后书写文件夹名，最后书写文件名。

7.2.1　内部链接

所谓内部链接，指的是在同一个网站内部，不同的 HTML 页面之间的链接关系。在建立网站内部链接的时候，要考虑到的是链接具有清晰的导航结构，使用户方便地找到所需的 HTML 文件。

按照图 7-3 所示的目录结构，我们建立 3 个页面文件：news1.html、news2.html 和 news3.html，其中 news1.html 和 news2.html 放在国内新闻文件夹中，news3.html 放在上级目录新闻文件夹中。通过<a>标记建立链接，将 3 个页面链接起来。

例 7-1　<a>标记建立链接。

```
01    <!--new1.html-->
02    <!DOCTYPE html PUBLIC "-//W3C//DTD XHTML 1.0 Transitional//EN"
      "http://www.w3.org/TR/xhtml1/DTD/xhtml1-transitional.dtd">
03    <html xmlns="http://www.w3.org/1999/xhtml">
04    <head>
05    <meta http-equiv="Content-Type" content="text/html; charset=utf-8" />
06    <title>news1</title>
07    </head>
08    <body>
09    <h2>news1</h2>
10    <a href="../news3.html">返回</a>
11    </body>
12    </html>
```

new1 页面如图 7-4 所示。单击"返回"链接跳转进 news3 页面。

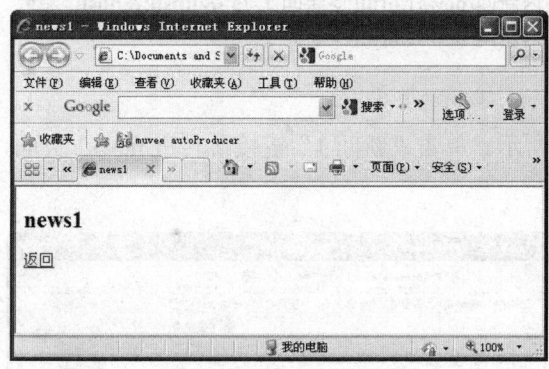

图 7-4　news1 页面

```
01    <!--new2.html-->
02    <!DOCTYPE html PUBLIC "-//W3C//DTD XHTML 1.0 Transitional//EN"
      "http://www.w3.org/TR/xhtml1/DTD/xhtml1-transitional.dtd">
03    <html xmlns="http://www.w3.org/1999/xhtml">
04    <head>
05    <meta http-equiv="Content-Type" content="text/html; charset=utf-8" />
06    <title>news1</title>
07    </head>
08    <body>
09    <h2>news2</h2>
10    <a href="../news3.html">返回</a>
11    </body>
12    </html>
```

new2 页面如图 7-5 所示。单击"返回"链接跳转进 news3 页面。

图 7-5　news2 页面

```
01    <!--new3.html-->
02    <!DOCTYPE html PUBLIC "-//W3C//DTD XHTML 1.0 Transitional//EN"
      "http://www.w3.org/TR/xhtml1/DTD/xhtml1-transitional.dtd">
03    <html xmlns="http://www.w3.org/1999/xhtml">
04    <head>
05    <meta http-equiv="Content-Type" content="text/html; charset=utf-8" />
06    <title>news1</title>
07    </head>
08    <body>
09    <h2>news3</h2>
10    <a href="国内新闻/news1.html">新闻 1</a>  
11    <a href="国内新闻/news2.html">新闻 2</a>
12    </body>
13    </html>
```

new3 页面如图 7-6 所示。单击"新闻 1"链接跳转进 news1 页面，单击"新闻 2"链接跳转进 news2 页面。

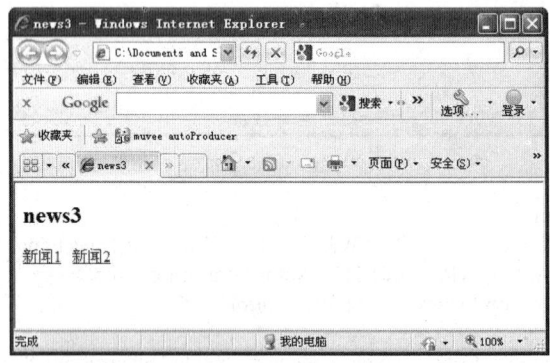

图 7-6　news3 页面

7.2.2　书签链接

在浏览页面的时候，如果页面的内容较多，页面过长，浏览的时候需要不断地拖动滚动条，很不方便，如果要寻找特定的内容，就更加不方便了。这时如果能在该网页或另外一个页面上建立目录，浏览者单击目录上的项目就能自动跳到网页相应的位置进行阅读，应该是件很方便的事，并且还可以在页面中设定诸如"返回页首"之类的链接。这就成为书签链接。

建立书签链接分为两步：一是建立书签，二是为书签制作链接。

建立书签：

```
<a name="name">文字</a>
```

书签链接：

```
<a href="#name">文字链接</a>
```

例 7-2　先制作一个介绍网页基本元素的页面，并为其中的每一个元素建立一个书签，这个书签就是随后将要跳转的位置。也就是说，这个书签就确定了一个页面内部的超链接导引依据。

```
01   <!--7-2.html-->
02   <!DOCTYPE html PUBLIC "-//W3C//DTD XHTML 1.0 Transitional//EN"
     "http://www.w3.org/TR/xhtml1/DTD/xhtml1-transitional.dtd">
03   <html xmlns="http://www.w3.org/1999/xhtml">
04   <head>
05   <meta http-equiv="Content-Type" content="text/html; charset=utf-8" />
06   <title>链接到书签</title>
07   </head>
08   <body>
09   <h2>网页中的主要元素</h2>
10   <a name="text"><h3>文本</h3></a>
11   <p>网页中的信息主要是以文本为主的。………大段文本文字的排列，建议参考一些优秀的杂
     志或报纸。</p>
12   <a name="image"><h3>图像</h3></a>
13   <p>今天看到的丰富多彩的网页，都是因为有了图像，………即以.jpg（或.jpeg）和.gif 为后
     缀的文件。</p>
14   <p>注意：虽然图像在网页中不可或缺，………会显得很乱，有喧宾夺主之势。</p>
15   <a name="link"><h3>超链接</h3></a>
16   <p>超链接是网站的灵魂，从一个网页指向另一个目的端的链接。………可以说超链接正是
     Web 的主要特色。</p>
17   </body>
18   </html>
```

建立了 3 个分别叫做 text、image、link 的书签，页面显示效果如图 7-7 所示。

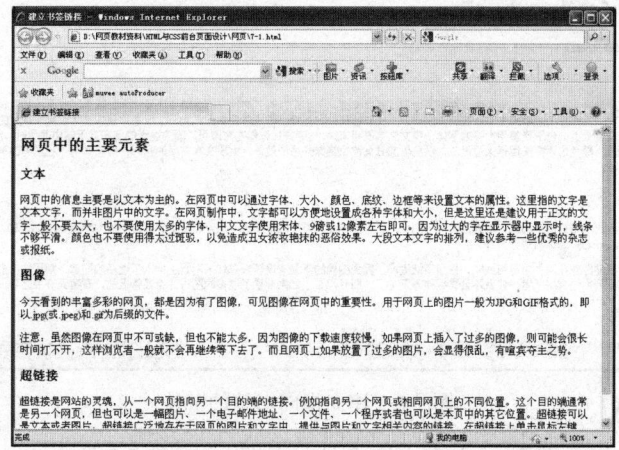

图 7-7　建立书签

接下来在页面起始位置制作 3 个链接，分别链接到刚刚建立的 3 个书签上。

```
01   <!--7-2.html-->
02   <!DOCTYPE html PUBLIC "-//W3C//DTD XHTML 1.0 Transitional//EN"
     "http://www.w3.org/TR/xhtml1/DTD/xhtml1-transitional.dtd">
03   <html xmlns="http://www.w3.org/1999/xhtml">
04   <head>
05   <meta http-equiv="Content-Type" content="text/html; charset=utf-8" />
06   <title>链接到书签</title>
07   </head>
08   <body>
09   <h2>网页中的主要元素</h2>
10   <a href="#text">文本</a>
11   <a href="#image">图像</a>
12   <a href="#link">超链接</a>
13   <a name="text"><h3>文本</h3></a>
14   <p>网页中的信息主要是以文本为主的。………大段文本文字的排列，建议参考一些优秀的杂
     志或报纸。</p>
15   <a name="image"><h3>图像</h3></a>
16   <p>今天看到的丰富多彩的网页，都是因为有了图像，………即以.jpg（或.jpeg）和.gif 为后
     缀的文件。</p>
17   <p>注意：虽然图像在网页中不可或缺，………会显得很乱，有喧宾夺主之势。</p>
18   <a name="link"><h3>超链接</h3></a>
19   <p>超链接是网站的灵魂，从一个网页指向另一个目的端的链接。………可以说超链接正是
     Web 的主要特色。</p>
20   </body>
21   </html>
```

建立 3 个超链接分别指向 3 个书签，效果如图 7-8 所示。

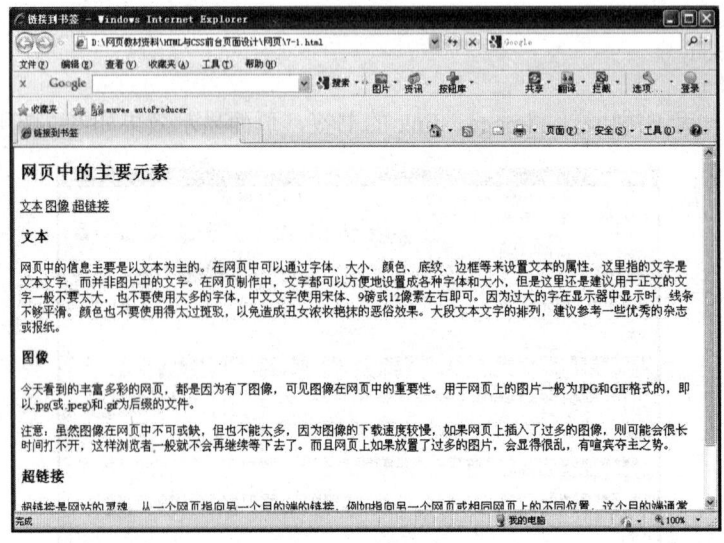

图 7-8　建立指向书签的链接

单击"文本"链接后跳到了文本内容介绍的位置，如图 7-9 所示。

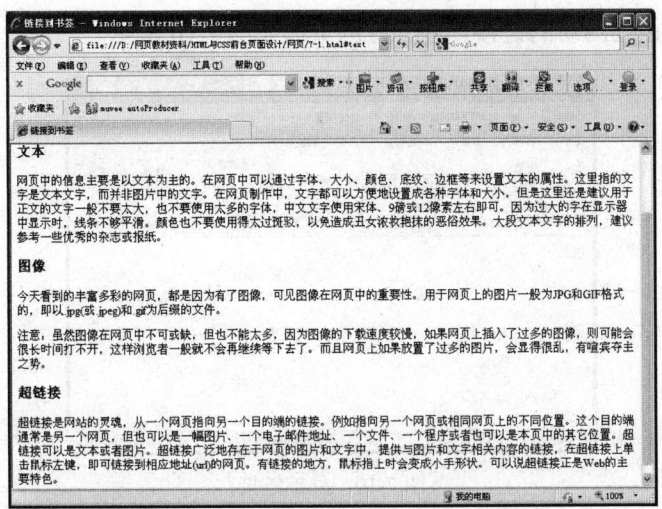

图 7-9　单击"文本"后跳转的位置

7.2.3　外部链接

所谓外部链接，指的是跳转到当前网站外部，与其他网站中的页面或其他元素之间的链接关系。这种链接在一般情况下需要书写绝对地址。

制作外部链接的时候，使用 URL 统一资源定位符来定位万维网信息，这种方式可以简洁、明了、准确地描述信息所在的地点。

常见的 URL 格式如表 7-2 所示。

表 7-2　URL 格式

服务	URL 格式	描述
WWW	http://	进入万维网站点
ftp	ftp://	进入文件传输服务器
news	news://	启动新闻讨论组
email	mailto:	启动邮件

1. 链接外部网站

   <a href="http://">文字链接</a>

例 7-3　链接到外部网站的链接。

```
01   <!--7-3.html-->
02   <!DOCTYPE html PUBLIC "-//W3C//DTD XHTML 1.0 Transitional//EN"
     "http://www.w3.org/TR/xhtml1/DTD/xhtml1-transitional.dtd">
93   <html xmlns="http://www.w3.org/1999/xhtml">
04   <head>
05   <meta http-equiv="Content-Type" content="text/html; charset=utf-8" />
06   <title>链接到外部网站</title>
07   </head>
08   <body>
09       <a href="http://www.163.com">网易</a>
10   </body>
11   </html>
```

定义了一个链接到网易的链接。建立好的页面如图 7-10 所示。

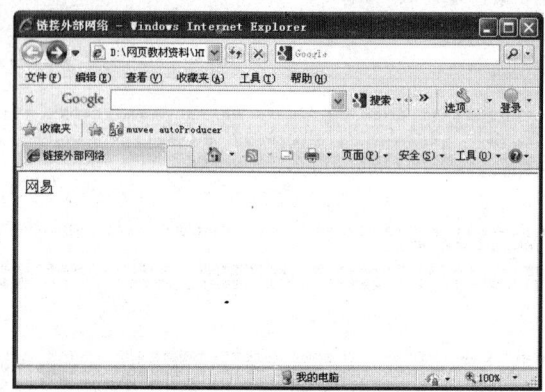

图 7-10　外部链接

单击"网易"的文字后将打开网易的首页面，如图 7-11 所示。

图 7-11　打开的网易页面

2. 链接 ftp

FTP 即"文本传输协议"。协议是计算机与计算机之间能够相互通信的语言。FTP 使文件和文件夹能够在 Internet 上公开传输。在某些情况下，需要从网络计算机管理员处获取许可才能登录并访问计算机上的文件。

```
<a href="ftp:// ">文字链接</a>
```

例 7-4　链接 FTP。

```
01    <!--7-4.html-->
02    <!DOCTYPE html PUBLIC "-//W3C//DTD XHTML 1.0 Transitional//EN"
      "http://www.w3.org/TR/xhtml1/DTD/xhtml1-transitional.dtd">
03    <html xmlns="http://www.w3.org/1999/xhtml">
04    <head>
05    <meta http-equiv="Content-Type" content="text/html; charset=utf-8" />
06    <title>链接 FTP</title>
07    </head>
08    <body>
09        <a href="ftp://ftp.pku.edu.cn/">北京大学 FTP 站点</a>
```

10　　</body>
11　　</html>
定义了 FTP 主机地址为北京大学的 FTP 主机，页面显示效果如图 7-12 所示。

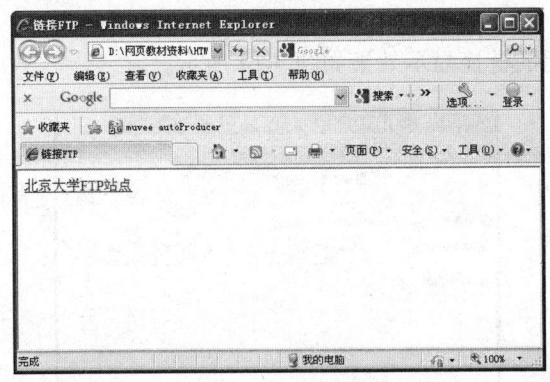

图 7-12　FTP 链接

单击"北京大学 FTP 站点"后，打开的 FTP 主机如图 7-13 所示。

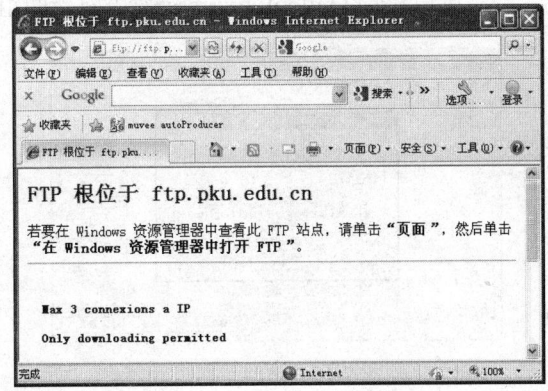

图 7-13　北京大学 FTP 主机

3. 链接到 news 新闻组

news 新闻组是由分布在世界各地的上千个新闻服务器组成的，它能够随时更换消息，任何一条发送到新闻组服务器上的消息在几分钟后就能传遍全球。新闻组是个人向新闻服务器所张贴邮件的集合，一台计算机上可建立数千个新闻组。每一个浏览者几乎可以找到任何主题的新闻组。虽然某些新闻组是受到监控的，但大多数不是。对于受监控的新闻组，其拥有者可以检查张贴的邮件、提出问题或删除不适当的邮件等。任何人都可以向新闻组张贴邮件。新闻组不需要成员资格或加入费用。

```
<a href="news://">文字链接</a>
```

例 7-5　链接新闻组。

```
01    <!--7-5.html-->
02    <!DOCTYPE html PUBLIC "-//W3C//DTD XHTML 1.0 Transitional//EN"
      "http://www.w3.org/TR/xhtml1/DTD/xhtml1-transitional.dtd">
03    <html xmlns="http://www.w3.org/1999/xhtml">
04    <head>
05    <meta http-equiv="Content-Type" content="text/html; charset=utf-8" />
06    <title>链接新闻组</title>
```

```
07   </head>
08   <body>
09       <a href="news://news.newsfan.net">news 新闻组</a>
10   </body>
11   </html>
```

定义了 news 新闻组的链接显示效果如图 7-14 所示。

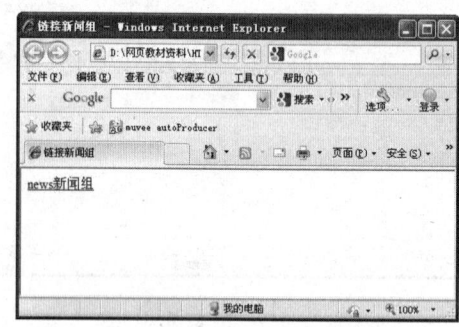

图 7-14   news 新闻组链接

单击"news 新闻组"后，可以启动 Outlook Express 来访问新闻组，如图 7-15 所示。

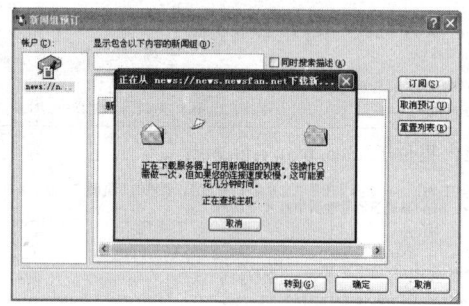

图 7-15   访问新闻组

4. 发送 E-mail

在 HTML 页面中，可以建立 E-mail 链接。当浏览者单击链接后，系统会启动默认的电子邮件软件进行 E-mail 发送。

\<a href="mailto:a@b.c">文字链接\</a>
\<a href="mailto:a@b.c?subject=content">文字链接\</a>
\<a href="mailto:a@b.c?cc=a@b.c">文字链接\</a>
\<a href="mailto:a@b.c?bcc=a@b.c">文字链接\</a>

其中，a@b.c 是邮件地址，后面的参数如表 7-3 所示。

表 7-3   邮件的参数

参数	描述
subject	电子邮件主体
cc	抄送收件人
bcc	暗送收件人

如果希望同时写下多个参数，则参数之间使用"&"符号分隔，如：

\<a href="mailto:a@b.c?subject=content&cc= a@b.c&bcc= a@b.c">文字链接\</a>

例 7-6　电子邮件链接。

```
01    <!--7-6.html-->
02    <!DOCTYPE html PUBLIC "-//W3C//DTD XHTML 1.0 Transitional//EN"
      "http://www.w3.org/TR/xhtml1/DTD/xhtml1-transitional.dtd">
03    <html xmlns="http://www.w3.org/1999/xhtml">
04    <head>
05    <meta http-equiv="Content-Type" content="text/html; charset=utf-8" />
06    <title>发送电子邮件</title>
07    </head>
08    <body>
09        <a href="mailto:sophia@hotmail.com">给作者来信</a>
10    <br />
11        <a href="mailto:sophia@hotmail.com?subject=意见建议
      &cc=alex@sohu.com&bcc=cathy@163.com">意见建议</a>
12    </body>
13    </html>
```

显示效果如图 7-16 所示。

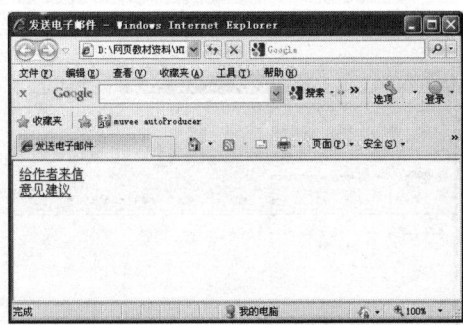

图 7-16　电子邮件链接

单击"意见建议"后，打开系统默认的电子邮件软件 Outlook Express 发送邮件，如图 7-17 所示。

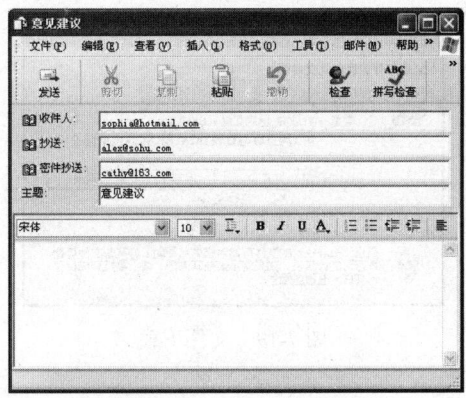

图 7-17　发送电子邮件

7.2.4　文件（非 HTML 页面）链接

除了链接到 HTML 页面的超链接外，还可以制作提供文件下载的链接。如果希望制作下载文件的链接，只需在链接地址处输入文件所在的位置即可。当浏览器用户单击链接后，浏览器会自动判断文件的类型，以做出不同情况处理。

<a href="file_url">文字链接</a>

file_url 代表文件所在的路径，可以写下相对路径，也可以写下绝对路径。

例 7-7　下载文件链接。

```
01    <!--7-7.html-->
02    <!DOCTYPE html PUBLIC "-//W3C//DTD XHTML 1.0 Transitional//EN"
      "http://www.w3.org/TR/xhtml1/DTD/xhtml1-transitional.dtd">
03    <html xmlns="http://www.w3.org/1999/xhtml">
04    <head>
05    <meta http-equiv="Content-Type" content="text/html; charset=utf-8" />
06    <title>下载文件</title>
07    </head>
08    <body>
09        <a href="AtlasLoot.rar">文件下载</a>
10    </body>
11    </html>
```

显示效果如图 7-18 所示。

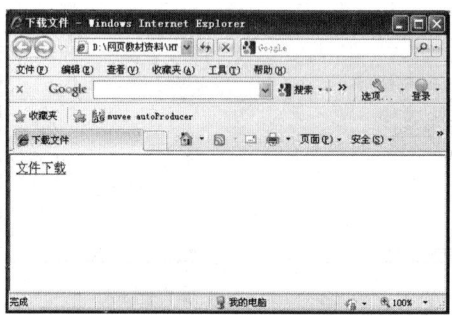

图 7-18　下载文件链接

单击"文件下载"后，浏览器打开如图 7-19 所示的对话框。

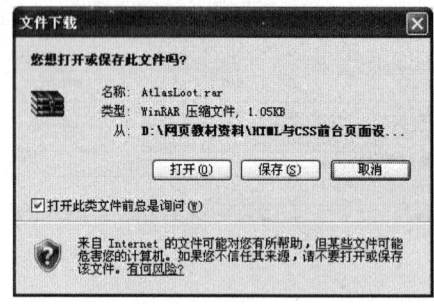

图 7-19　文件下载

7.3　利用 CSS 样式设置书签格式

超链接在默认情况下，链接被显示为带下划线，未被查看过时为蓝色，访问过的为紫色。可以通过 CSS 来设置链接不同状态中的样式。链接分为 5 个状态，它们的视觉外观根据当前状态而改变。这些状态如下：

- link：链接在没有任何操作之前的标准状态。
- visited：链接被单击之后的状态。
- hover：鼠标指针悬停在链接上时的状态。
- focus：链接获得焦点时的状态。
- active：链接正在被单击时的状态。

在默认外观中，link 为蓝色，visited 为紫色，active 为红色，三者都带有下划线。

使用 CSS 可以调节不同状态下链接的字体、大小、颜色、加粗斜体、下划线等格式。

例 7-8 将网页中的超链接设置成以下格式：

- 所有超链接加粗。
- 标准状态（link）超链接为橙色，无下划线。
- 访问后（visited）超链接为灰色，有下划线。
- 鼠标悬停（hover）在链接上为红色，有下划线。
- 正在被单击时（active）为黑色，有下划线。

```
01  <!--7-8.html-->
02  <!DOCTYPE html PUBLIC "-//W3C//DTD XHTML 1.0 Transitional//EN"
    "http://www.w3.org/TR/xhtml1/DTD/xhtml1-transitional.dtd">
03  <html xmlns="http://www.w3.org/1999/xhtml">
04  <head>
05  <meta http-equiv="Content-Type" content="text/html; charset=utf-8" />
06  <title>CSS 设置超链接样式</title>
07  <style>
08  a {
09      font-weight: bold;
10      text-decoration:underline;
11  }
12  a:link {
13      color: #f26522;
14      text-decoration: none;
15  }
16  a:visited {
17      color: #8a8a8a;
18  }
19  a:hover {
20      color: #f22222;
21  }
22  a:active {
23      color: #000000;
24  }
25  </style>
26  </head>
27  <body>
28  <p>世博会的起源是<a href="1.html">中世纪</a><a href="2.html">欧洲</a>商人定期的<a
    href=" 3.html">市集</a>，市集起初只牵涉到<a href="4.html">经济</a><a href="5.html">贸易
    </a>，到<a href=" 6.html">19 世纪</a>，商界在欧洲地位提升，市集的规模渐渐扩大，商品交
    易的种类和参与的人员愈来愈多，影响范围愈来愈大，从经济到生活艺术到生活理想哲学……
    到 19 世纪 20 年代，这种具规模的大型市集便称为<a href="7.html">博览会</a>（Expositions）。
    </p>
```

```
29    </body>
30    </html>
```

超链接页面显示效果如图 7-20 所示。

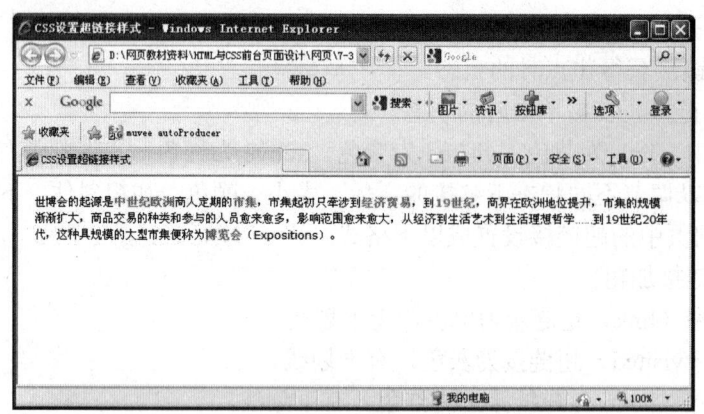

图 7-20　CSS 设置超链接样式

单击"经济贸易"和"19 世纪"超链接后，这两个链接呈现出 visited 状态的灰色，鼠标悬停在"博览会"上，该链接呈现出 hover 状态的红色，如图 7-21 所示。

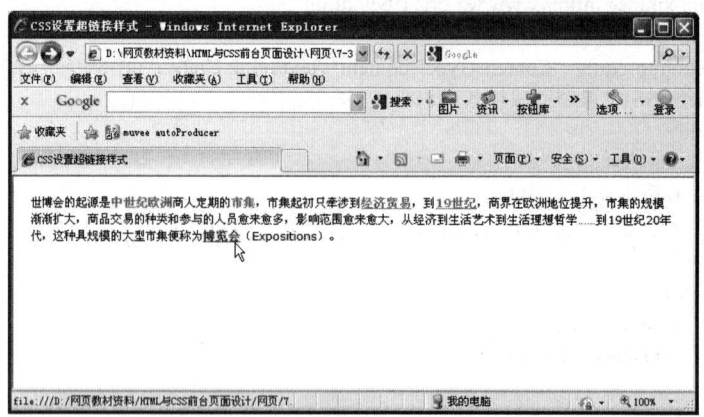

图 7-21　不同状态下的超链接样式

7.4　图片链接

虽然链接主要是基于文本的，但是可以用一个链接来包装一个图像，从而使其变成一个链接。图像的链接标记和文字是相同的，都是<a>标记。

区别在于，文本的链接在超链接标记<a></a>之间输入文本：

　　<a href="file_url" >链接文字</a>

图片的链接在<a></a>之间输入的是图片的代码：

　　<a href="file_url" ><img src="img_url"></a>

另外，图片默认情况下没有边框，一旦添加链接后会有蓝色边框，想要去掉边框，可在<img>标记中将 border 属性值设为 0，如<img src="img_url" border="0">，或者在 CSS 样式表中将图片标记 img 的样式统一设成 img{border:0;}。

例 7-9　在例 7-2 中的两个网页 new1.html 和 new3.html 的基础上将超链接改变为图片链接。

```
01   <!--new1.html-->
02   <!DOCTYPE html PUBLIC "-//W3C//DTD XHTML 1.0 Transitional//EN"
     "http://www.w3.org/TR/xhtml1/DTD/xhtml1-transitional.dtd">
03   <html xmlns="http://www.w3.org/1999/xhtml">
04   <head>
05   <meta http-equiv="Content-Type" content="text/html; charset=utf-8" />
06   <title>news1</title>
07   <style>
08   img {
09        border:0;
10   }
11   </style>
12   </head>
13   <body>
14   <h2>news1</h2>
15   <a href="../news3.html"><img src="../../back.gif"></a>
16   </body>
17   </html>
18   </html>
```

new1 页面如图 7-22 所示。单击"返回"链接跳转进 news3 页面。new2 页面的图片链接依此类推。

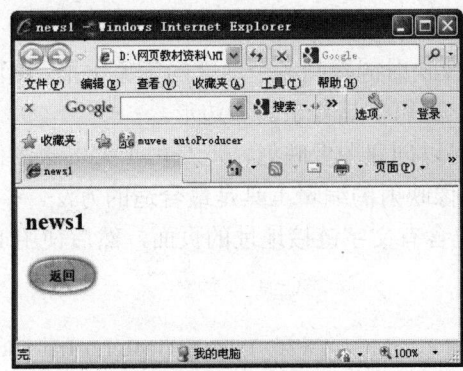

图 7-22　news1 的图片连接

```
01   <!--new3.html-->
02   <!DOCTYPE html PUBLIC "-//W3C//DTD XHTML 1.0 Transitional//EN"
     "http://www.w3.org/TR/xhtml1/DTD/xhtml1-transitional.dtd">
03   <html xmlns="http://www.w3.org/1999/xhtml">
04   <head>
05   <meta http-equiv="Content-Type" content="text/html; charset=utf-8" />
06   <title>news1</title>
07   <style>
08   img {
09        border:0;
10   }
11   </style>
12   </head>
13   <body>
```

```
14      <h2>news1</h2>
15      <a href="例 1/国内新闻/news1.html"><img src="news1.gif" /></a>  
16      <a href="例 1/国内新闻/news2.html"><img src="news2.gif" /></a>
17      </body>
18      </html>
```

new2 页面如图 7-23 所示。单击"新闻 1"和"新闻 2"链接能跳转进 news1.html 和 news2.html 页面。

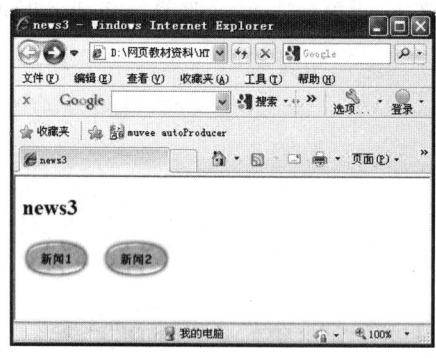

图 7-23   news3 的图片链接

7.5   图片映射链接

图像映射（image map）使你可以在一个单独的图像中定义多个链接。例如，如果你有一个气象图，可以使用一个图像映射链接到各个地区的气象预报。图像映射中可单击的范围可以是基本形状（矩形或圆形），也可以是复杂的多边形。

虽然使用 HTML 语言可以创建图像映射，但是由于大多数图像映射区域的地址包含复杂的坐标位置，因此，使用图像映射的编辑工具是最合适的方法。

例 7-10   首先创建出包含有文字链接地址的页面，然后使用 Dreamweaver 来完成图像映射的创建。

```
01      <!--7-10.html-->
02      <!DOCTYPE html PUBLIC "-//W3C//DTD XHTML 1.0 Transitional//EN"
        "http://www.w3.org/TR/xhtml1/DTD/xhtml1-transitional.dtd">
03      <html xmlns="http://www.w3.org/1999/xhtml">
04      <head>
05      <meta http-equiv="Content-Type" content="text/html; charset=utf-8" />
06      <title>文字书签链接的页面</title>
07      </head>
08      <body>
09      <center>
10      <img src="map.jpg" width="504" height="363" border="0">
11      [<a href="#asia">亚洲</a>]
12      [<a href="#n_american">北美洲</a>]
13      [<a href="#s_american">南美洲</a>]
14      [<a href="#europe">欧洲</a>]
15      [<a href="#australia">大洋洲</a>]
16      [<a href="#africa">非洲</a>]
17      </center>
```

18　　\<h2>\<a name="asia">亚洲\</a>\</h2>

19　　\<p>亚洲是亚细亚洲的简称，位于东半球的东北部。东临太平洋，南濒印度洋，北达北冰洋。面积 4400 万平方公里，占全球陆地总面积的 29.4%，是世界上最大的洲。\</p>

20　　\<h2>\<a name="n_american">北美洲\</a>\</h2>

21　　\<p>北美洲是北亚美洲加洲的简称，位于西半球北部，东面是大西洋，西面是太平洋，北面是北冰洋，南端以巴拿马运河为界与南美洲相分。\</p>

22　　\<h2>\<a name="s_american">南美洲\</a>\</h2>

23　　\<p>南美洲是南亚美利加洲的简称，位于西半球西部，东面是大西洋，陆地以巴拿马运河为界与北美洲相分，南面隔海与南极洲相望。\</p>

24　　\<h2>\<a name="europe">欧洲\</a>\</h2>

25　　\<p>欧洲是欧罗巴洲的简称，位于东半球的西北部。北临北冰洋，西濒大西洋，南隔地中海与非洲相望，东部与亚洲大陆毗连。\</p>

26　　\<h2>\<a name="australia">大洋洲\</a>\</h2>

27　　\<p>大洋洲位于太平洋西南部和南部、赤道南北的广大海域，总面积约 897 万平方公里，人口 2900 万是世界上面积最小、人口最少的一个洲。\</p>

28　　\<h2>\<a name="africa">非洲\</a>\</h2>

29　　\<p>非洲全称阿非利加洲，位于东半球的东南部，赤道横穿大陆。西北部有部分地区以及岛屿伸入西半球，是仅次于亚洲的第二大洲。\</p>

30　　\</body>

31　　\</html>

如图 7-24 所示，插入了随后将要制作图像映射所需的图片文件，并且定义了指向下面 6 个书签的超链接。

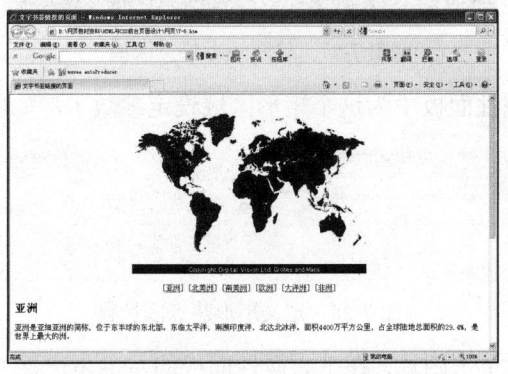

图 7-24　文字书签链接页面图

打开 Dreamweaver 软件，选择"文件"|"打开"命令，然后选中刚才建立的页面，打开页面，如图 7-25 所示。

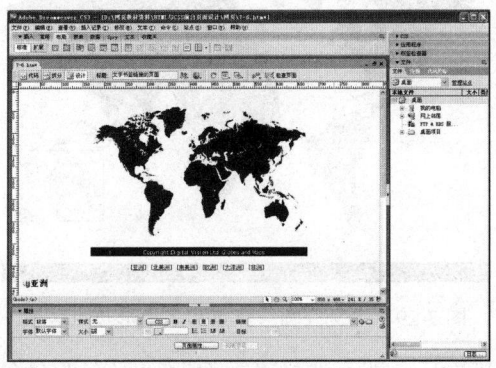

图 7-25　打开的页面

单击图片，打开属性面板，可以在属性面板上看到绘制三种形状热点的工具，分别为矩形热点、圆形热点和多边形热点。在下方属性面板的左下角选择"矩形热点工具"，如图 7-26 所示。

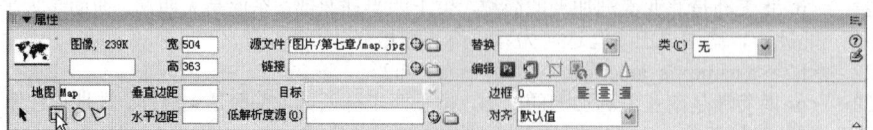

图 7-26　矩形热点工具

在图片上方大洋洲的位置直接按住鼠标左键拖动，生成矩形蓝色的区域，如图 7-27 所示。

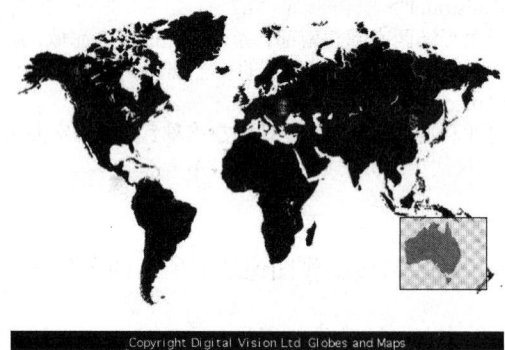

图 7-27　绘制矩形热点区域

接下来，就可以在属性面板中为这个矩形区域设定参数了，如图 7-28 所示。

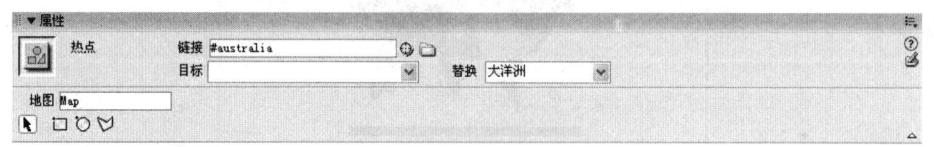

图 7-28　定义矩形热点区参数

下面依此类推，再次单击图片，在下方属性面板的左下角选择"椭圆形热点工具"和"多边形热点工具"，分别在非洲和南美洲的位置拖动，生成蓝色的区域，如图 7-29 所示。

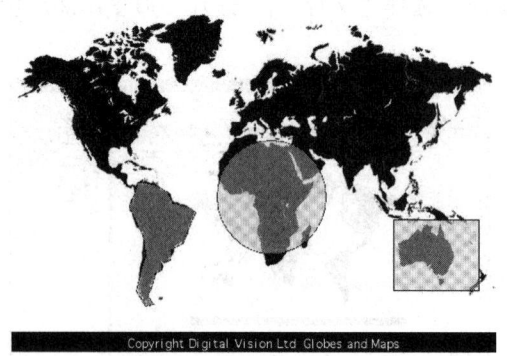

图 7-29　定义椭圆形热点和多边形热点区域

制作完所有的区域链接之后，即可选择"文件"|"保存"命令，退出 Dreamweaver 后，

打开浏览器测试页面。

当鼠标指向南美洲时，鼠标会变化成手形，如图 7-30 所示。

图 7-30　鼠标指向"南美洲"

单击之后，就可以自动跳转到南美洲文字介绍的位置了，如图 7-31 所示。

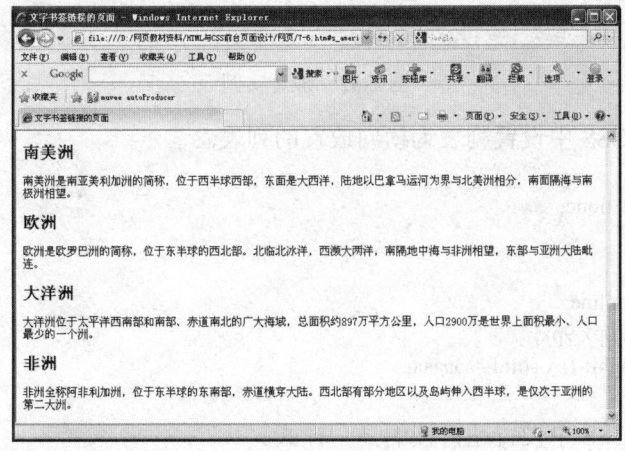

图 7-31　跳转到"南美洲"的位置

7.6　综合实例

使用本章所学的内容制作如图 7-32 所示的页面。

设计要求如下：

● "返回主页"链接跳转到 sohu 的主页 http://www.sohu.com。

● "服务说明"链接跳转到下面正文中的"3.服务说明"处。

● "下载"链接将打开"服务条款.doc"文件的下载。

● "联系我们"链接打开邮件系统，收件人地址为 support@sohu.com。

步骤如下：

（1）将页首 4 个超链接建立在列表中，分别设置好链接地址。

```
<ul>
    <li><a href="http://www.sohu.com">返回主页</a></li>
    <li><a href="# service ">服务说明</a></li>
    <li><a href="服务条款.doc">下载</a></li>
    <li><a href="maito:support@sohu.com">联系我们</a></li>
</ul>
```

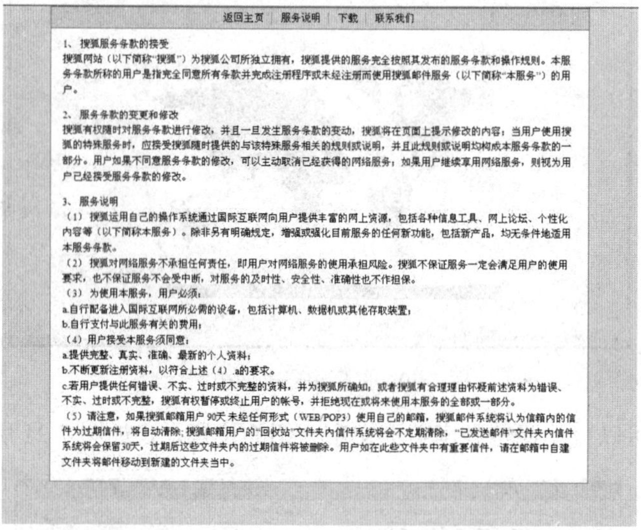

图 7-32　综合实例

（2）在样式表 CSS 中设置列表为横向放置的列表。

```
ul {
    list-style: none;
}
li {
    display: inline;
    padding: 0px 9px;
    border-right: 1px solid #aaaaaa;
}
```

（3）在样式表 CSS 中设置超链接的显示样式。

```
a {
    text-decoration: none;
}
a:link {
    color: #000000;
}
a:visited {
    color: #222222;
}
a:hover {
    font-weight:bold;
}
a:active {
    color: #ff0000;
}
```

本章小结

超链接是网页页面中最重要的元素之一。一个网站是由多个页面组成的，页面之间依据链接确定相互的导航关系。超链接的路径分为绝对路径、相对路径、根路径三种，外部链接常见的类型包括 http、ftp、mailto、news 等，与外部链接相对应的还有链接同一个网站内部网页之间的内部链接、能跳转到网页中特定内容的书签链接等。除了文字可以做超链接外，图片也可以做超链接，并且可以将图片中的某个区域做成超链接，也就是图片映射链接。

习题七

一、选择题

1．路径有（　　）。
  A．绝对路径　　 B．相对路径
  C．根路径　　 D．固定路径

2．下列不属于超链接的外部链接类型是（　　）。
  A．mailto　　 B．swf
  C．http　　 D．ftp

3．在网页设计中，（　　）是所有页面中的重中之重，是一个网站的灵魂所在。
  A．样式表　　 B．脚本页面
  C．导航栏　　 D．主页面

4．下面（　　）的电子邮件链接是正确的。
  A．xxx.com.cn　　 B．xxx@net
  C．xxx@com　　 D．xxx@xxx.com

5．若在页面中创建一个图形超链接，要显示的图形为 myhome.jpg，所链接的地址为 http://www.pcnetedu.com，以下用法中正确的是（　　）。
  A．<a href="http://www.pcnetedu.com">myhome.jpg</a>
  B．<a href=" http://www.pcnetedu.com"><img src="myhome.jpg"></a>
  C．<img src="myhome.jpg"><a href ="http://www.pcnetedu.com"></a>
  D．<a href =http://www.pcneredu.com><img src="myhome.jpg">

二、填空题

1．建立一个发送邮件给 Jessica@126.com，显示文字为"联系我"的超链接应写为_____。

2．_____是网页与网页之间联系的纽带，也是网页的重要特色。

实训

1．建立包含文件下载链接的网页。

● 　链接文字大小：12px。

- 默认链接颜色：橙色。
- 访问后链接颜色：灰色。
- 文字格式：无下划线。

技术要点：利用 CSS 样式设置超链接格式。

2．制作链接到其他页面的书签。

- 链接文字大小：12px。
- 默认链接颜色：红色。
- 访问后链接颜色：黑色。
- 鼠标悬停在超链接上文字加粗。

技术要点：利用超链接设置书签格式。

第8章 创建表格

本章导读

在网页制作中，表格作为一个重要的构成元素，主要应用于网页的布局设计中。无论是使用简单的 HTML 语言编辑的网页，还是具备动态网站功能的 ASP、JSP、PHP 网页，都要借助表格进行排版。浏览网站，会发现几乎所有的网页都或多或少地采用表格。可以说，不能很好地掌握表格，就等于没有学好网页制作。

本章要点

- 表格基础标记
- 表格属性
- 表格高级标记
- 高级表格

8.1 表格基础标记

表格一开始作为一种在网上显示列表数据的手段，使 Web 设计人员可以快速地表示价格列表、统计比较、电子表格、图表等。但是很快，Web 设计人员意识到，可以在表格单元中放置任何 Web 内容，可以使用表格对页面进行排版。

在 HTML 的语法中，表格主要通过 3 个标记来构成：表格标记、行标记、单元格标记，如表 8-1 所示。

表 8-1 表格标记

标记	描述
<table>	表格标记
<tr>	行标记
<td>	单元格标记

<table>标记代表表格的开始，<tr>标记代表行开始，而<td>和</td>之间的就是单元格的内容。这几个标记之间是从大到小，逐层包含的关系，由最大的表格到最小的单元格。一个表格可以有多个<tr>和<td>标记，分别代表多行和多个单元格。

8.2 创建简单表格

例 8-1 通过<table>、<tr>和<td>标记制作一个简单表格。

```
01    <!--8-1.html-->
02    <!DOCTYPE html PUBLIC "-//W3C//DTD XHTML 1.0 Transitional//EN"
      "http://www.w3.org/TR/xhtml1/DTD/xhtml1-transitional.dtd">
03    <html xmlns="http://www.w3.org/1999/xhtml">
04    <head>
05    <meta http-equiv="Content-Type" content="text/html; charset=utf-8" />
06    <title>制作简单表格</title>
07    </head>
08    <body>
09    <h3>音乐列表</h3>
10    <table>
11      <tr>
12        <td>Num</td>
13        <td>Song Name</td>
14        <td>Time</td>
15        <td>Artist</td>
16      </tr>
17      <tr>
18        <td>1</td>
19        <td>Hips Dont Lie</td>
20        <td>3:39</td>
21        <td>Shakira</td>
22      </tr>
23      <tr>
24        <td>2</td>
25        <td>Halo</td>
26        <td>4:21</td>
27        <td>Beyonce</td>
28      </tr>
29      <tr>
30        <td>3</td>
31        <td>Meet Me Halfway</td>
32        <td>4:44</td>
33        <td>Black Eyed Peas</td>
34      </tr>
35      <tr>
36        <td>4</td>
37        <td>Bad Romance</td>
38        <td>4:23</td>
39        <td>Lady Gaga</td>
40      </tr>
41    </table>
42    </body>
43    </html>
```

制作了一个 5 行 4 列的表格，如图 8-1 所示。

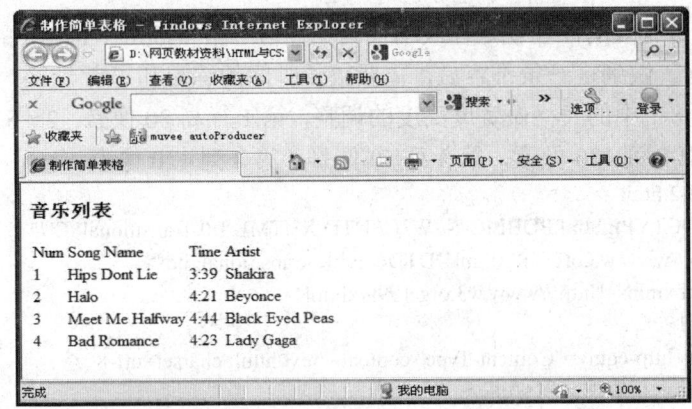

图 8-1　创建简单表格

8.3　表格的属性

在创建表格之后，还需要对表格的各方面属性进行调整，表格的基本属性如表 8-2 所示。

表 8-2　表格属性

属性	描述
width,height	宽度和高度
border	边框
bordercolor	边框颜色
bgcolor	背景颜色
background	背景图片
cellspacing	单元格间距
cellpadding	单元格边距
align	对齐方式
frame	表格外边框样式
rules	表格内边框样式

1．表格的宽度和高度 width、height

默认情况下，表格的宽度和高度根据内容自动调整，也可以手动设置表格的宽度和高度。<table>、<tr>、<td>标记中都可以使用 width 和 height 属性。

表格的宽度和高度：

   `<table width="value" height="height">`

行的宽度和高度：

   `<tr width="value" height="height">`

列的宽度和高度：

   `<td width="value" height="height">`

一般情况下，只有一列的表格，width 写在<table>的标记内；只有一行的表格，height 写在<table>的标记内；多行多列的表格，width 和 height 写在第一行或第一列的<td>标记内。总之遵循一条原则：不出现多于一个的控制同一个单元格大小的 height 和 width，保证任何一个

width 和 height 都是有效的，也就是你改动代码中任何一个 width 和 height 的数值，都应该在浏览器中看到变化。做到这一条不容易，需要较长时间的练习和思考。

例 8-2　对例 8-1 中的表格做宽度高度的调整，第 1 行高 30 像素，2～5 行高 20 像素，第 1 列宽 40 像素，第 2 列 120 像素，第 3 列 50 像素，第 4 列 120 像素。

```
01    <!--8-2.html-->
02    <!DOCTYPE html PUBLIC "-//W3C//DTD XHTML 1.0 Transitional//EN"
      "http://www.w3.org/TR/xhtml1/DTD/xhtml1-transitional.dtd">
03    <html xmlns="http://www.w3.org/1999/xhtml">
04    <head>
05    <meta http-equiv="Content-Type" content="text/html; charset=utf-8" />
06    <title>表格宽度高度</title>
07    </head>
08    <body>
09    <h3>音乐列表</h3>
10    <table>
11      <tr>
12        <td width="40" height="30">Num</td>
13        <td width="120">Song Name</td>
14        <td width="50">Time</td>
15        <td width="120">Artist</td>
16      </tr>
17      <tr>
18        <td height="20">1</td>
19        <td>Hips Dont Lie</td>
20        <td>3:39</td>
21        <td>Shakira</td>
22      </tr>
23      <tr>
24        <td height="20">2</td>
25        <td>Halo</td>
26        <td>4:21</td>
27        <td>Beyonce</td>
28      </tr>
29      <tr>
30        <td height="20">3</td>
31        <td>Meet Me Halfway</td>
32        <td>4:44</td>
33        <td>Black Eyed Peas</td>
34      </tr>
35      <tr>
36        <td height="20">4</td>
37        <td>Bad Romance</td>
38        <td>4:23</td>
39        <td>Lady Gaga</td>
40      </tr>
41    </table>
42    </body>
43    </html>
```

按照上面的原则，每一行的高度属性 height 应写在该行的第一个<td>标记中，每一列的宽度属性 width 应写在该列的第一个<td>标记中。网页显示效果如图 8-2 所示。

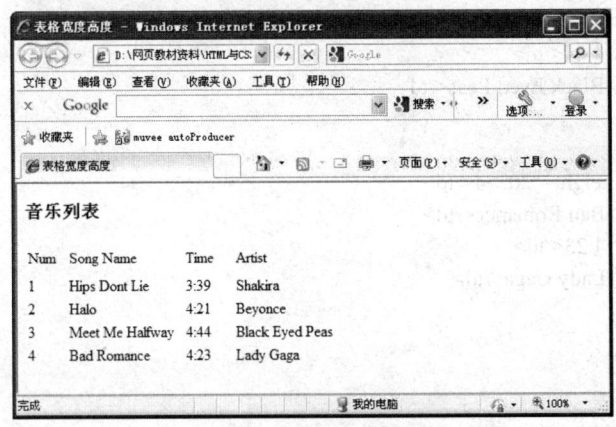

图 8-2 设置表格的宽度高度

2. 表格的边框 border

我们看到，默认情况下表格不显示边框，即 border 属性值为 0，可以设置表格边框粗细，单位为像素。

```
<table border="value">
```

例 8-3 给例 8-2 中的表格添加 5 像素宽的边框。

```
01    <!--8-3.html-->
02    <!DOCTYPE html PUBLIC "-//W3C//DTD XHTML 1.0 Transitional//EN"
      "http://www.w3.org/TR/xhtml1/DTD/xhtml1-transitional.dtd">
03    <html xmlns="http://www.w3.org/1999/xhtml">
04    <head>
05    <meta http-equiv="Content-Type" content="text/html; charset=utf-8" />
06    <title>表格边框</title>
07    </head>
08    <body>
09    <h3>音乐列表</h3>
10    <table border="5">
11      <tr>
12        <td width="40" height="30">Num</td>
13        <td width="120">Song Name</td>
14        <td width="50">Time</td>
15        <td width="120">Artist</td>
16      </tr>
17      <tr>
18        <td height="20">1</td>
19        <td>Hips Dont Lie</td>
20        <td>3:39</td>
21        <td>Shakira</td>
22      </tr>
23      <tr>
24        <td height="20">2</td>
25        <td>Halo</td>
26        <td>4:21</td>
27        <td>Beyonce</td>
28      </tr>
```

```
29        <tr>
30          <td height="20">3</td>
31          <td>Meet Me Halfway</td>
32          <td>4:44</td>
33          <td>Black Eyed Peas</td>
34        </tr>
35        <tr>
36          <td height="20">4</td>
37          <td>Bad Romance</td>
38          <td>4:23</td>
39          <td>Lady Gaga</td>
40        </tr>
41      </table>
42    </body>
43    </html>
```

显示结果如图 8-3 所示。

图 8-3 设置表格边框

3. 表格边框颜色 bordercolor

添加了 5 像素的边框后，我们发现，表格上下左右 4 条边框颜色并不相同。对表格外边框来说，左上边框颜色浅，称为亮边框 bordercolorlight，右下边框颜色深，称为暗边框 bordercolordark；而单元格的边框相反，左上为暗边框，右下为亮边框。可以使用 bordercolor 属性统一设置 4 条边框为同一颜色，也可以使用 bordercolorlight 和 bordercolordark 分别设置亮边框和暗边框的颜色。

亮边框：

```
<table bordercolor="value">
```

暗边框：

```
<table bordercolorlight="value" bordercolordark="value">
```

例 8-4 在例 8-3 的基础上将表格亮边框设为#CC99CC，暗边框设为#3366FF。

```
01    <!--8-4.html-->
02    <!DOCTYPE html PUBLIC "-//W3C//DTD XHTML 1.0 Transitional//EN"
      "http://www.w3.org/TR/xhtml1/DTD/xhtml1-transitional.dtd">
03    <html xmlns="http://www.w3.org/1999/xhtml">
04    <head>
05    <meta http-equiv="Content-Type" content="text/html; charset=utf-8" />
06    <title>表格边框颜色</title>
```

```
07    </head>
08    <body>
09    <h3>音乐列表</h3>
10    <table border="5" bordercolorlight="#CC99CC" bordercolordark="#3366FF">
11      <tr>
12        <td width="40" height="30">Num</td>
13        <td width="120">Song Name</td>
14        <td width="50">Time</td>
15        <td width="120">Artist</td>
16      </tr>
17      <tr>
18        <td height="20">1</td>
19        <td>Hips Dont Lie</td>
20        <td>3:39</td>
21        <td>Shakira</td>
22      </tr>
23      <tr>
24        <td height="20">2</td>
25        <td>Halo</td>
26        <td>4:21</td>
27        <td>Beyonce</td>
28      </tr>
29      <tr>
30        <td height="20">3</td>
31        <td>Meet Me Halfway</td>
32        <td>4:44</td>
33        <td>Black Eyed Peas</td>
34      </tr>
35      <tr>
36        <td height="20">4</td>
37        <td>Bad Romance</td>
38        <td>4:23</td>
39        <td>Lady Gaga</td>
40      </tr>
41    </table>
42    </body>
43    </html>
```

显示效果如图 8-4 所示。

图 8-4　设置表格边框颜色

4. 表格背景颜色 bgcolor

通过 bgcolor 属性可以设置表格、行以及单元格的背景颜色。

表格背景颜色：

> <table bgcolor="value">

行背景颜色：

> <tr bgcolor="value">

单元格背景颜色：

> <td bgcolor="value">

例 8-5　将例 8-4 中的表格的第一行和第一列的背景颜色设为灰色#CCCCCC。

```
01    <!--8-5.html-->
02    <!DOCTYPE html PUBLIC "-//W3C//DTD XHTML 1.0 Transitional//EN"
      "http://www.w3.org/TR/xhtml1/DTD/xhtml1-transitional.dtd">
03    <html xmlns="http://www.w3.org/1999/xhtml">
04    <head>
05    <meta http-equiv="Content-Type" content="text/html; charset=utf-8" />
06    <title>表格背景颜色</title>
07    </head>
08    <body>
09    <h3>音乐列表</h3>
10    <table border="5" bordercolorlight="#CC99CC" bordercolordark="#3366FF">
11      <tr bgcolor="#CCCCCC">
12        <td width="40" height="30">Num</td>
13        <td width="120">Song Name</td>
14        <td width="50">Time</td>
15        <td width="120">Artist</td>
16      </tr>
17      <tr>
18        <td height="20" bgcolor="#CCCCCC">1</td>
19        <td>Hips Dont Lie</td>
20        <td>3:39</td>
21        <td>Shakira</td>
22      </tr>
23      <tr>
24        <td height="20" bgcolor="#CCCCCC">2</td>
25        <td>Halo</td>
26        <td>4:21</td>
27        <td>Beyonce</td>
28      </tr>
29      <tr>
30        <td height="20" bgcolor="#CCCCCC">3</td>
31        <td>Meet Me Halfway</td>
32        <td>4:44</td>
33        <td>Black Eyed Peas</td>
34      </tr>
35      <tr>
36        <td height="20" bgcolor="#CCCCCC">4</td>
37        <td>Bad Romance</td>
38        <td>4:23</td>
39        <td>Lady Gaga</td>
40      </tr>
```

```
41    </table>
42    </body>
43    </html>
```

显示效果如图 8-5 所示。

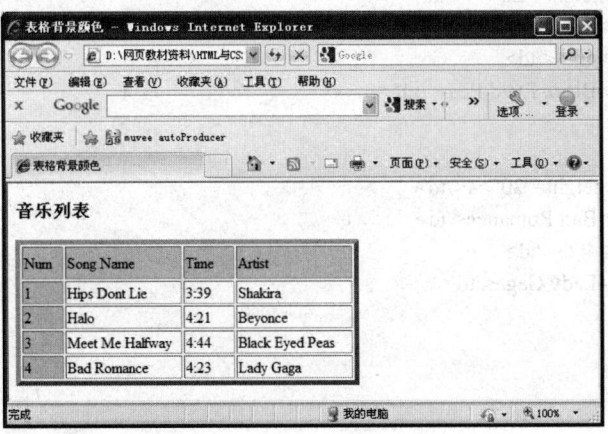

图 8-5 设置表格背景颜色

5. 表格背景图片 background

除了背景颜色外，还可以为表格设置背景图像。

```
<table background="img_url">
```

例 8-6 为例 8-4 中的表格添加背景图片。

```
01    <!--8-6.html-->
02    <!DOCTYPE html PUBLIC "-//W3C//DTD XHTML 1.0 Transitional//EN"
      "http://www.w3.org/TR/xhtml1/DTD/xhtml1-transitional.dtd">
03    <html xmlns="http://www.w3.org/1999/xhtml">
04    <head>
05    <meta http-equiv="Content-Type" content="text/html; charset=utf-8" />
06    <title>表格背景图片</title>
07    </head>
08    <body>
09    <h3>音乐列表</h3>
10    <table border="5" bordercolorlight="#CC99CC" bordercolordark="#3366FF"
      background="bg.jpg">
11      <tr>
12        <td width="40" height="30">Num</td>
13        <td width="120">Song Name</td>
14        <td width="50">Time</td>
15        <td width="120">Artist</td>
16      </tr>
17      <tr>
18        <td height="20">1</td>
19        <td>Hips Dont Lie</td>
20        <td>3:39</td>
21        <td>Shakira</td>
22      </tr>
23      <tr>
24        <td height="20">2</td>
25        <td>Halo</td>
```

```
26          <td>4:21</td>
27          <td>Beyonce</td>
28        </tr>
29        <tr>
30          <td height="20">3</td>
31          <td>Meet Me Halfway</td>
32          <td>4:44</td>
33          <td>Black Eyed Peas</td>
34        </tr>
35        <tr>
36          <td height="20">4</td>
37          <td>Bad Romance</td>
38          <td>4:23</td>
39          <td>Lady Gaga</td>
40        </tr>
41      </table>
42    </body>
43  </html>
```

显示效果如图 8-6 所示。

图 8-6 设置表格背景图片

6. 单元格间距 cellspacing

可以通过设置 cellspacing 属性调节单元格与单元格之间的间距。

```
<table cellspacing="value">
```

例 8-7 在例 8-4 的基础上将单元格之间的间距设为 5 像素。

```
01  <!--8-7.html-->
02  <!DOCTYPE html PUBLIC "-//W3C//DTD XHTML 1.0 Transitional//EN"
      "http://www.w3.org/TR/xhtml1/DTD/xhtml1-transitional.dtd">
03  <html xmlns="http://www.w3.org/1999/xhtml">
04  <head>
05  <meta http-equiv="Content-Type" content="text/html; charset=utf-8" />
06  <title>单元格间距</title>
07  </head>
08  <body>
09  <h3>音乐列表</h3>
10  <table border="5" bordercolorlight="#CC99CC" bordercolordark="#3366FF" cellspacing="5">
```

```
11          <tr>
12              <td width="40" height="30">Num</td>
13              <td width="120">Song Name</td>
14              <td width="50">Time</td>
15              <td width="120">Artist</td>
16          </tr>
17          <tr>
18              <td height="20">1</td>
19              <td>Hips Dont Lie</td>
20              <td>3:39</td>
21              <td>Shakira</td>
22          </tr>
23          <tr>
24              <td height="20">2</td>
25              <td>Halo</td>
26              <td>4:21</td>
27              <td>Beyonce</td>
28          </tr>
29          <tr>
30              <td height="20">3</td>
31              <td>Meet Me Halfway</td>
32              <td>4:44</td>
33              <td>Black Eyed Peas</td>
34          </tr>
35          <tr>
36              <td height="20">4</td>
37              <td>Bad Romance</td>
38              <td>4:23</td>
39              <td>Lady Gaga</td>
40          </tr>
41      </table>
42  </body>
43  </html>
```

显示效果如图 8-7 所示。

图 8-7 设置单元格间距

7. 单元格边距 cellpadding

单元格边距是指单元格中的内容和边框之间的距离。

```
<table cellpadding="value">
```

例 8-8   在例 8-4 的基础上将单元格边距设为 10 像素。

```
01    <!--8-8.html-->
02    <!DOCTYPE html PUBLIC "-//W3C//DTD XHTML 1.0 Transitional//EN"
      "http://www.w3.org/TR/xhtml1/DTD/xhtml1-transitional.dtd">
03    <html xmlns="http://www.w3.org/1999/xhtml">
04    <head>
05    <meta http-equiv="Content-Type" content="text/html; charset=utf-8" />
06    <title>单元格边距</title>
07    </head>
08    <body>
09    <h3>音乐列表</h3>
10    <table border="5" bordercolorlight="#CC99CC" bordercolordark="#3366FF"
      cellpadding="10">
11      <tr>
12        <td width="40" height="30">Num</td>
13        <td width="120">Song Name</td>
14        <td width="50">Time</td>
15        <td width="120">Artist</td>
16      </tr>
17      <tr>
18        <td height="20">1</td>
19        <td>Hips Dont Lie</td>
20        <td>3:39</td>
21        <td>Shakira</td>
22      </tr>
23      <tr>
24        <td height="20">2</td>
25        <td>Halo</td>
26        <td>4:21</td>
27        <td>Beyonce</td>
28      </tr>
29      <tr>
30        <td height="20">3</td>
31        <td>Meet Me Halfway</td>
32        <td>4:44</td>
33        <td>Black Eyed Peas</td>
34      </tr>
35      <tr>
36        <td height="20">4</td>
37        <td>Bad Romance</td>
38        <td>4:23</td>
39        <td>Lady Gaga</td>
40      </tr>
41    </table>
42    </body>
43    </html>
```

显示效果如图 8-8 所示。

图 8-8 设置单元格边距

8. 水平对齐方式 align

在水平方向上，对齐方式分别有居左（left）、居中（center）、居右（right）三种。

    `<table align=" value">`

在表格标记<table>中使用 align 属性，是将整个表格居于浏览器的左、中、右方。

    `<tr align="value">`

在<tr>标记中使用 align 属性，是将这一行中的所有单元格中的内容相对所处的单元格居左、居中、居右。

    `<td align="value">`

在<td>标记中使用 align 属性，是将该单元格中的内容在单元格中居左、居中、居右。

例 8-9 将例 8-4 中的表格居于浏览器水平中间，并将第一行第一列的内容水平居中。

```
01    <!--8-9.html-->
02    <!DOCTYPE html PUBLIC "-//W3C//DTD XHTML 1.0 Transitional//EN"
      "http://www.w3.org/TR/xhtml1/DTD/xhtml1-transitional.dtd">
03    <html xmlns="http://www.w3.org/1999/xhtml">
04    <head>
05    <meta http-equiv="Content-Type" content="text/html; charset=utf-8" />
06    <title>水平对齐方式</title>
07    </head>
08    <body>
09    <h3>音乐列表</h3>
10    <table border="5" bordercolorlight="#CC99CC" bordercolordark="#3366FF"
      align="center">
11      <tr align="center">
12        <td width="40" height="30">Num</td>
13        <td width="120">Song Name</td>
14        <td width="50">Time</td>
15        <td width="120">Artist</td>
16      </tr>
17      <tr>
18        <td height="20" align="center">1</td>
19        <td>Hips Dont Lie</td>
20        <td>3:39</td>
21        <td>Shakira</td>
22      </tr>
23      <tr>
```

```
24      <td height="20" align="center">2</td>
25      <td>Halo</td>
26      <td>4:21</td>
27      <td>Beyonce</td>
28    </tr>
29    <tr>
30      <td height="20" align="center">3</td>
31      <td>Meet Me Halfway</td>
32      <td>4:44</td>
33      <td>Black Eyed Peas</td>
34    </tr>
35    <tr>
36      <td height="20" align="center">4</td>
37      <td>Bad Romance</td>
38      <td>4:23</td>
39      <td>Lady Gaga</td>
40    </tr>
41  </table>
42  </body>
43  </html>
```

显示效果如图 8-9 所示。

图 8-9　表格的水平对齐属性

9. 表格外边框样式 frame

除了可以控制表格边框的粗细和颜色外，还可以控制边框的显示样式。

```
<table frame="value">
```

使用 frame 属性可以控制表格外边框样式，属性值如表 8-3 所示。

表 8-3　表格的外边框样式

属性	描述
above	只显示上边框
below	只显示下边框
lhs	只显示左边框
rhs	只显示右边框
hsides	显示上下边框

属性	描述
vsides	显示左右边框
border	显示上下左右边框
box	显示上下左右边框
void	不显示边框

例 8-10 在例 8-9 的基础上，只显示左右两条外边框。

```
01  <!--8-10.html-->
02  <!DOCTYPE html PUBLIC "-//W3C//DTD XHTML 1.0 Transitional//EN"
    "http://www.w3.org/TR/xhtml1/DTD/xhtml1-transitional.dtd">
03  <html xmlns="http://www.w3.org/1999/xhtml">
04  <head>
05  <meta http-equiv="Content-Type" content="text/html; charset=utf-8" />
06  <title>表格外边框样式</title>
07  </head>
08  <body>
09  <h3>音乐列表</h3>
10  <table border="5" bordercolorlight="#CC99CC" bordercolordark="#3366FF"
    align="center"  frame="vsides">
11    <tr align="center">
12      <td width="40" height="30">Num</td>
13      <td width="120">Song Name</td>
14      <td width="50">Time</td>
15      <td width="120">Artist</td>
16    </tr>
17    <tr>
18      <td height="20" align="center">1</td>
19      <td>Hips Dont Lie</td>
20      <td>3:39</td>
21      <td>Shakira</td>
22    </tr>
23    <tr>
24      <td height="20" align="center">2</td>
25      <td>Halo</td>
26      <td>4:21</td>
27      <td>Beyonce</td>
28    </tr>
29    <tr>
30      <td height="20" align="center">3</td>
31      <td>Meet Me Halfway</td>
32      <td>4:44</td>
33      <td>Black Eyed Peas</td>
34    </tr>
35    <tr>
36      <td height="20" align="center">4</td>
37      <td>Bad Romance</td>
38      <td>4:23</td>
39      <td>Lady Gaga</td>
```

```
40       </tr>
41     </table>
42   </body>
43 </html>
```

显示效果如图 8-10 所示。

图 8-10　设置表格外边框样式

10. 表格内边框样式 rules

```
<table rules="value">
```

使用 rules 属性可以控制表格内边框样式，属性值如表 8-4 所示。

表 8-4　表格的内边框样式

属性	描述
all	显示所有的内部边框
none	不显示内部边框
groups	不显示内部边框
cols	仅显示列边框
rows	仅显示行边框

例 8-11　在例 8-9 的基础上，只显示单元格行边框。

```
01 <!--8-11.html-->
02 <!DOCTYPE html PUBLIC "-//W3C//DTD XHTML 1.0 Transitional//EN"
   "http://www.w3.org/TR/xhtml1/DTD/xhtml1-transitional.dtd">
03 <html xmlns="http://www.w3.org/1999/xhtml">
04 <head>
05 <meta http-equiv="Content-Type" content="text/html; charset=utf-8" />
06 <title>表格内边框样式</title>
07 </head>
08 <body>
09 <h3>音乐列表</h3>
10 <table border="5" bordercolorlight="#CC99CC" bordercolordark="#3366FF"
   align="center" rules="rows">
11    <tr align="center">
```

```
12          <td width="40" height="30">Num</td>
13          <td width="120">Song Name</td>
14          <td width="50">Time</td>
15          <td width="120">Artist</td>
16       </tr>
17       <tr>
18          <td height="20" align="center">1</td>
19          <td>Hips Dont Lie</td>
20          <td>3:39</td>
21          <td>Shakira</td>
22       </tr>
23       <tr>
24          <td height="20" align="center">2</td>
25          <td>Halo</td>
26          <td>4:21</td>
27          <td>Beyonce</td>
28       </tr>
29       <tr>
30          <td height="20" align="center">3</td>
31          <td>Meet Me Halfway</td>
32          <td>4:44</td>
33          <td>Black Eyed Peas</td>
34       </tr>
35       <tr>
36          <td height="20" align="center">4</td>
37          <td>Bad Romance</td>
38          <td>4:23</td>
39          <td>Lady Gaga</td>
40       </tr>
41    </table>
42    </body>
43    </html>
```

显示效果如图 8-11 所示。

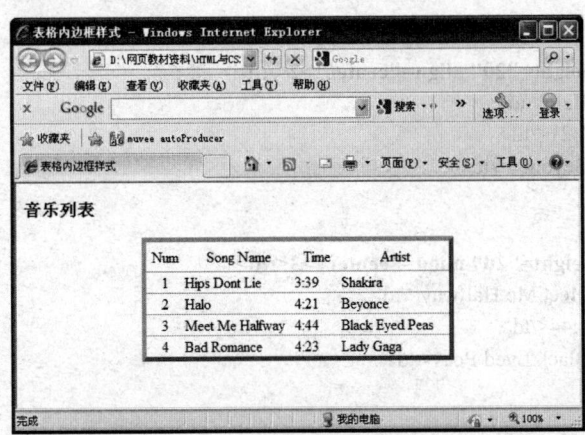

图 8-11　设置表格内边框样式

8.4　表格高级标记

在创建表格时，除了使用最基本的元素及其属性外，还应该使用一些表格高级标记来正确、谨慎地构建和格式化表格。

8.4.1　th

表格的表头标记<th>，通常情况是表格的第一行或第一列，其中的文字可以实现居中并且加粗显示。可以使用<th>替代<td>标记，<th>可以看做带有加粗并居中功能的特殊单元格标记。

例 8-12　将例 8-9 中的表格第一行第一列设为表头。

```
01    <!--8-12.html-->
02    <!DOCTYPE html PUBLIC "-//W3C//DTD XHTML 1.0 Transitional//EN"
      "http://www.w3.org/TR/xhtml1/DTD/xhtml1-transitional.dtd">
03    <html xmlns="http://www.w3.org/1999/xhtml">
04    <head>
05    <meta http-equiv="Content-Type" content="text/html; charset=utf-8" />
06    <title>表格表头</title>
07    </head>
08    <body>
09    <h3>音乐列表</h3>
10    <table border="5" bordercolorlight="#CC99CC" bordercolordark="#3366FF"
      align="center">
11      <tr align="center">
12        <th width="40" height="30">Num</td>
13        <th width="120">Song Name</td>
14        <th width="50">Time</td>
15        <th width="120">Artist</td>
16      </tr>
17      <tr>
18        <th height="20" align="center">1</td>
19        <td>Hips Dont Lie</td>
20        <td>3:39</td>
21        <td>Shakira</td>
22      </tr>
23      <tr>
24        <th height="20" align="center">2</td>
25        <td>Halo</td>
26        <td>4:21</td>
27        <td>Beyonce</td>
28      </tr>
29      <tr>
30        <th height="20" align="center">3</td>
31        <td>Meet Me Halfway</td>
32        <td>4:44</td>
33        <td>Black Eyed Peas</td>
34      </tr>
35      <tr>
36        <th height="20" align="center">4</td>
37        <td>Bad Romance</td>
```

```
38          <td>4:23</td>
39          <td>Lady Gaga</td>
40        </tr>
41      </table>
42    </body>
43  </html>
```

显示效果如图 8-12 所示。

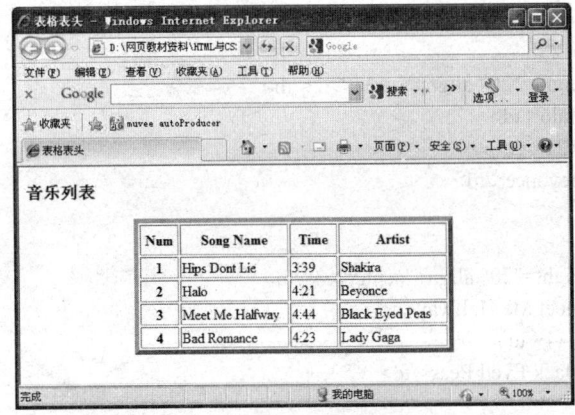

图 8-12　设置表格表头

8.4.2　caption

在 HTML 语言中，可以自动通过标记为表格添加标题。

通过这个标记可以直接添加表格的标题，而且可以控制标题文字的排列属性。

　　　　<caption align="value" valign="value">标题内容</caption>

<caption>之间的就是标题内容。

通过 align 设置标题文字相对表格的水平对齐方式（left、center、right）。

通过 valign 设置标题文字相对表格的垂直对齐方式（top、bottom）。

例 8-13　在例 8-12 的基础上将"音乐列表"设置为表格标题，水平居左，垂直居上。

```
01  <!--8-13.html-->
02  <!DOCTYPE html PUBLIC "-//W3C//DTD XHTML 1.0 Transitional//EN"
    "http://www.w3.org/TR/xhtml1/DTD/xhtml1-transitional.dtd">
03  <html xmlns="http://www.w3.org/1999/xhtml">
04  <head>
05  <meta http-equiv="Content-Type" content="text/html; charset=utf-8" />
06  <title>表格表头</title>
07  </head>
08  <body>
09  <h3>音乐列表</h3>
10  <table border="5" bordercolorlight="#CC99CC" bordercolordark="#3366FF"
    align="center">
11    <caption align="left" valign="top">
12    音乐列表
13    </caption>
14  <tr align="center">
15      <th width="40" height="30">Num</th>
16      <th width="120">Song Name</th>
```

```
17          <th width="50">Time</th>
18          <th width="120">Artist</th>
19        </tr>
20        <tr>
21          <th height="20" align="center">1</th>
22          <td>Hips Dont Lie</td>
23          <td>3:39</td>
24          <td>Shakira</td>
25        </tr>
26        <tr>
27          <th height="20" align="center">2</th>
28          <td>Halo</td>
29          <td>4:21</td>
30          <td>Beyonce</td>
31        </tr>
32        <tr>
33          <th height="20" align="center">3</th>
34          <td>Meet Me Halfway</td>
35          <td>4:44</td>
36          <td>Black Eyed Peas</td>
37        </tr>
38        <tr>
39          <th height="20" align="center">4</th>
40          <td>Bad Romance</td>
41          <td>4:23</td>
42          <td>Lady Gaga</td>
43        </tr>
44      </table>
45    </body>
46  </html>
```

显示效果如图 8-13 所示。

图 8-13　设置表格标题

8.4.3　thead、tbody、tfoot

3 种行组元素<thead></thead>、<tbody></tbody>、<tfoot></tfoot>使浏览器能够支持长表格主体区域滚动，并保持表头和表尾固定。可以为表头、表体和表尾数据分别设置样式。使用行组时，可以有一个或多个 tbody 元素，以及一个或没有 thead 和 tfoot 元素。

<thead>标记用于定义表格最上端的样式。

<tbody>标记用于定义表格主体的样式。

<tfoot>标记用于定义表尾的样式。

例 8-14 在例 8-4 的基础上将第 1 行设置为表头，2～4 行设置为表体，第 5 行设置为表尾并设置其样式。

```
01    <!--8-14.html-->
02    <!DOCTYPE html PUBLIC "-//W3C//DTD XHTML 1.0 Transitional//EN"
      "http://www.w3.org/TR/xhtml1/DTD/xhtml1-transitional.dtd">
03    <html xmlns="http://www.w3.org/1999/xhtml">
04    <head>
05    <meta http-equiv="Content-Type" content="text/html; charset=utf-8" />
06    <title>行组标记</title>
07    </head>
08    <body>
09    <h3>音乐列表</h3>
10    <table border="5" bordercolorlight="#CC99CC" bordercolordark="#3366FF">
11      <thead align="center" bgcolor="#CCCCCC">
12        <tr>
13          <td width="40" height="30">Num</td>
14          <td width="120">Song Name</td>
15          <td width="50">Time</td>
16          <td width="120">Artist</td>
17        </tr>
18      </thead>
19      <tbody align="center" bgcolor="#FFCCFF">
20        <tr>
21          <td height="20">1</td>
22          <td>Hips Dont Lie</td>
23          <td>3:39</td>
24          <td>Shakira</td>
25        </tr>
26        <tr>
27          <td height="20">2</td>
28          <td>Halo</td>
29          <td>4:21</td>
30          <td>Beyonce</td>
31        </tr>
32        <tr>
33          <td height="20">3</td>
34          <td>Meet Me Halfway</td>
35          <td>4:44</td>
36          <td>Black Eyed Peas</td>
37        </tr>
38      </tbody>
39      <tfoot align="center" bgcolor="#6699FF">
40        <tr>
41          <td height="20">4</td>
42          <td>Bad Romance</td>
43          <td>4:23</td>
```

```
44            <td>Lady Gaga</td>
45          </tr>
46        </tfoot>
47      </table>
48    </body>
49  </html>
```

显示效果如图 8-14 所示。

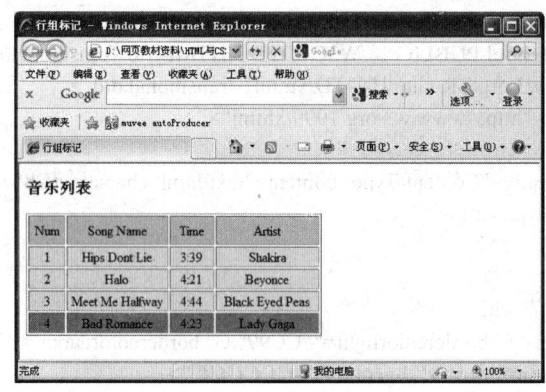

图 8-14   表格行组标记

8.4.4   colgroup

<colgroup>标记用于对表格中的列进行组合，以便对其进行格式化。如需对全部列应用样式，<colgroup>标记很有用，这样就不需要对各个单元和各行重复应用样式了。

<colgroup> 标记只能在 table 元素中使用。

```
<colgroup span="value"></colgroup>
```

value 为列数。

例 8-15   在例 8-4 的基础上将第 1 列和 2～4 列设为两个列组并设置其样式。

```
01  <!--8-15.html-->
02  <!DOCTYPE html PUBLIC "-//W3C//DTD XHTML 1.0 Transitional//EN"
    "http://www.w3.org/TR/xhtml1/DTD/xhtml1-transitional.dtd">
03  <html xmlns="http://www.w3.org/1999/xhtml">
04  <head>
05  <meta http-equiv="Content-Type" content="text/html; charset=utf-8" />
06  <title>colgroup</title>
07  </head>
08  <body>
09  <h3>音乐列表</h3>
10  <table border="5" bordercolorlight="#CC99CC" bordercolordark="#3366FF">
11      <colgroup span="1" align="center" bgcolor="#FFCCFF" width="50">
12      </colgroup>
13      <colgroup span="3" align="center" bgcolor="#6699FF" width="130">
14      </colgroup>
15      <tr>
16        <td height="30">Num</td>
17        <td>Song Name</td>
18        <td>Time</td>
19        <td>Artist</td>
```

```
20        </tr>
21        <tr>
22          <td height="20">1</td>
23          <td>Hips Dont Lie</td>
24          <td>3:39</td>
25          <td>Shakira</td>
26        </tr>
27        <tr>
28          <td height="20">2</td>
29      <td>Halo</td>
30          <td>4:21</td>
31          <td>Beyonce</td>
32        </tr>
33        <tr>
34          <td height="20">3</td>
35          <td>Meet Me Halfway</td>
36          <td>4:44</td>
37          <td>Black Eyed Peas</td>
38        </tr>
39        <tr>
40          <td height="20">4</td>
41          <td>Bad Romance</td>
42          <td>4:23</td>
43          <td>Lady Gaga</td>
44        </tr>
45      </table>
46      </body>
47</html>
```

显示效果如图 8-15 所示。

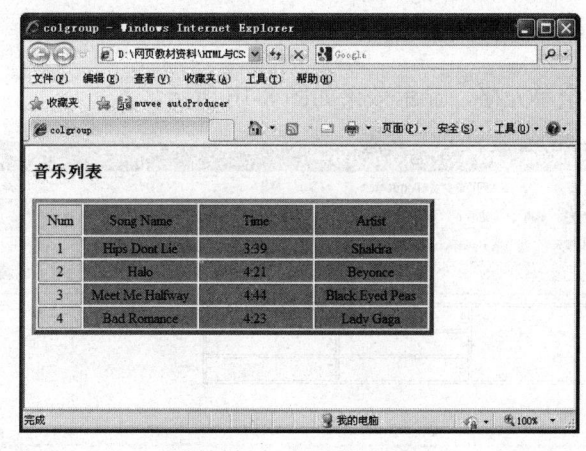

图 8-15　colgroup 列组

8.4.5　colspan 和 rowspan

在复杂的表格结构中，有的单元格在水平方向上是跨多个单元格的，这就需要使用跨行属性 rowspan，有的单元格在垂直方向上是跨多个单元格的，这就需要使用跨列属性 colspan。

跨行属性：

    `<td rowspan="value">`

跨列属性：

    `<td colspan="value">`

value 代表单元格跨的行列数。

例 8-16 通过 rowspan 实现跨行合并单元格。

```
01    <!--8-16.html-->
02    <!DOCTYPE html PUBLIC "-//W3C//DTD XHTML 1.0 Transitional//EN"
      "http://www.w3.org/TR/xhtml1/DTD/xhtml1-transitional.dtd">
03    <html xmlns="http://www.w3.org/1999/xhtml">
04    <head>
05    <meta http-equiv="Content-Type" content="text/html; charset=utf-8" />
06    <title>跨行合并</title>
07    </head>
08    <body>
09    <table width="400" border="1" bordercolor="#000000">
10      <tr>
11        <td rowspan="3">1</td>
12        <td>2</td>
13        <td>3</td>
14      </tr>
15      <tr>
16        <td>4</td>
17        <td>5</td>
18      </tr>
19      <tr>
20        <td>6</td>
21        <td>7</td>
22      </tr>
23    </table>
24    </body>
25    </html>
```

1 号单元格跨行 3 个单元格，显示效果如图 8-16 所示。

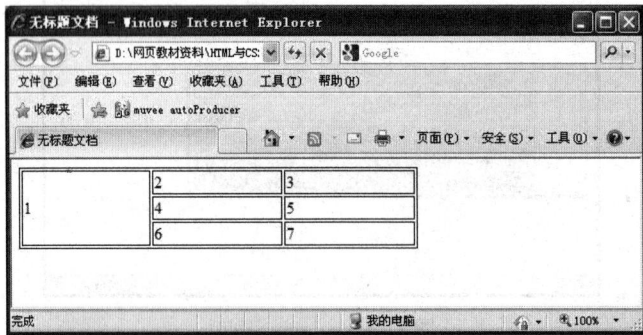

图 8-16 跨行的单元格

例 8-17 通过 colspan 实现跨列合并单元格。

```
01    <!--8-17.html-->
02    <!DOCTYPE html PUBLIC "-//W3C//DTD XHTML 1.0 Transitional//EN"
      "http://www.w3.org/TR/xhtml1/DTD/xhtml1-transitional.dtd">
03    <html xmlns="http://www.w3.org/1999/xhtml">
```

```
04  <head>
05  <meta http-equiv="Content-Type" content="text/html; charset=utf-8" />
06  <title>跨列合并</title>
07  </head>
08  <body>
09  <table width="400" border="1" bordercolor="#000000">
10    <tr>
11      <td colspan="3">1</td>
12    </tr>
13    <tr>
14      <td>2</td>
15      <td>3</td>
16      <td>4</td>
17    </tr>
18    <tr>
19      <td>5</td>
20      <td>6</td>
21      <td>7</td>
22    </tr>
23  </table>
24  </body>
25  </html>
```

1 号单元格跨列 3 个单元格，显示效果如图 8-17 所示。

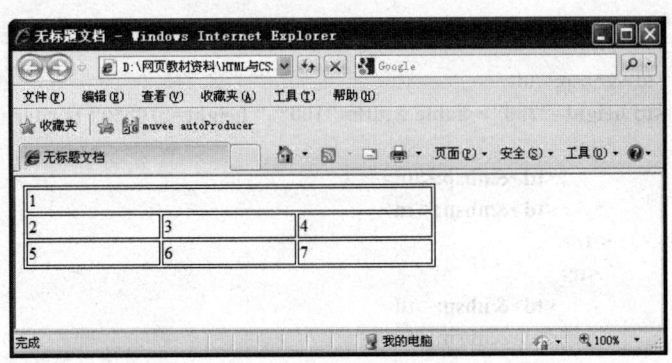

图 8-17　跨列的单元格

8.5　创建高级表格

网页排版有时会很复杂，在外部需要有一个大的表格来控制总体布局。但是如果一些内部排版的细节也用它来实现，则容易引起行高、列宽的冲突，给表格制作带来困难。如果利用多个嵌套的表格，外部的大表格负责整体的布局，内部的小表格负责各个板块的排版，这样一来就会各司其职，互不冲突。

如图 8-18 所示就是一个嵌套表格的例子。网页的整体排版由外部的表格来承担，内部插入一个小表格。这样可以有效地降低表格的复杂程度，避免各单元格之间的冲突。

将内部表格的代码写在需要放置的单元格标记<td></td>之间即可。

图 8-18　嵌套表格

例 8-18　表格嵌套。

```
01  <!--8-18.html-->
02  <!DOCTYPE html PUBLIC "-//W3C//DTD XHTML 1.0 Transitional//EN"
    "http://www.w3.org/TR/xhtml1/DTD/xhtml1-transitional.dtd">
03  <html xmlns="http://www.w3.org/1999/xhtml">
04  <head>
05  <meta http-equiv="Content-Type" content="text/html; charset=utf-8" />
06  <title>表格嵌套</title>
07  </head>
08  <body>
09  <table border="1">
10    <tr>
11      <td width="100" height="40"> </td>
12      <td width="400"> </td>
13    </tr>
14    <tr>
15      <td> </td>
16      <td height="200"><table width="100%" height="100%" border="1">
17        <tr>
18          <td> </td>
19          <td> </td>
20        </tr>
21        <tr>
22          <td> </td>
23          <td> </td>
24        </tr>
25      </table></td>
26    </tr>
27  </table>
28  </body>
29  </html>
```

8.6　综合实例

使用本章所学的内容制作如图 8-19 所示的课程表。

步骤如下：

（1）建立一个 6 行 5 列的表格。

（2）表格外边框宽度为 3，颜色为灰色（#999999），水平居中。

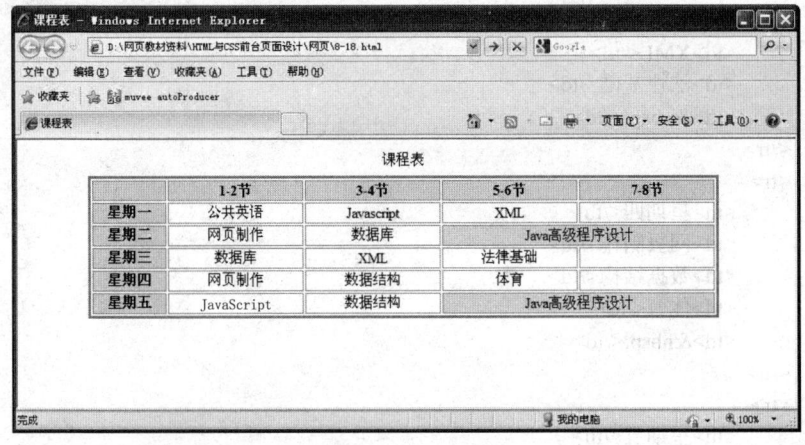

图 8-19　创建高级表格

（3）向单元格中输入内容。

（4）创建表格标题"课程表"。

（5）将第 1 行第 1 列设为表头 th。

（6）将第 1 行设为表头 thead，将其背景颜色设为灰色（#dddddd）。

（7）使用 colgroup 将第 1 列和 2～5 列分为两组，将两组单元格中的内容水平居中；将第 1 列背景颜色设为灰色（#dddddd），宽度设为 80；将 2～5 列宽度设为 150。

（8）"Java 高级程序设计"单元格跨列合并，并将背景颜色设为粉红（#FFCCFF）。

```
<table border="3" bordercolor="#999999" align="center">
    <caption>课程表</caption>
    <colgroup span="1" align="center" width="80" bgcolor="#dddddd"></colgroup>
    <colgroup span="4" align="center" width="150"></colgroup>
    <thead bgcolor="#dddddd">
    <tr>
        <th> </th>
        <th>1-2 节</th>
        <th>3-4 节</th>
        <th>5-6 节</th>
        <th>7-8 节</th>
    </tr>
    </thead>
    <tr>
        <th>星期一</th>
        <td>公共英语</td>
        <td>Javascript</td>
        <td>XML</td>
        <td> </td>
    </tr>
    <tr>
        <th>星期二</th>
        <td>网页制作</td>
        <td>数据库</td>
        <td colspan="2" bgcolor="#FFCCFF">Java 高级程序设计</td>
    </tr>
    <tr>
        <th>星期三</th>
```

```
            <td>数据库</td>
            <td>XML</td>
            <td>法律基础</td>
            <td> </td>
        </tr>
        <tr>
            <th>星期四</th>
            <td>网页制作</td>
            <td>数据结构</td>
            <td>体育</td>
            <td> </td>
        </tr>
        <tr>
            <th>星期五</th>
            <td>JavaScript</td>
            <td>数据结构</td>
            <td colspan="2" bgcolor="#FFCCFF">Java 高级程序设计</td>
        </tr>
    </table>
```

本章主要介绍表格的创建、表格属性以及表格的基本操作等，使读者从表格的插入、表格的边框设置、表格的拆分与合并、表格的高级标记使用等方面对表格有一个全面的认识，接着通过制作嵌套表格进一步掌握表格的功能。

一、选择题

1．关于表格的描述正确的一项是（   ）。
    A．在单元格内不能继续插入整个表格
    B．可以同时选定不相邻的单元格
    C．粘贴表格时，不粘贴表格的内容
    D．在网页中，水平方向不能并排多个独立的表格

2．用于设置表格背景颜色的属性是（   ）。
    A．background   B．bgcolor
    C．BorderColor   D．backgroundColor

3．要使表格的边框不显示，应设置 border 的值为（   ）。
    A．0   B．1
    C．2   D．3

二、填空题

1．表格的标记是_____，单元格的标记是_____。

2．表格的宽度可以用百分比和_____两种单位来设置。

3．表格有 3 个基本组成部分：表格、行和_____。

4．将表格的行分组，用到的主要标记是_____。

制作如图 8-20 所示的表格页面。

● 表格宽度 500 像素。

● 表格高度 240 像素。

● 在第 2 行第 1 个单元格中嵌套一个 6 行 1 列的表格。

● 在第 2 行第 1 个单元格中嵌套一个 2 行 1 列的表格。

图 8-20　表格页面

技术要点：

（1）表格的宽度、高度属性。

（2）表格的嵌套。

第 9 章　创建表单

本章导读

HTML 中的表单是网页中最常用的组件，本章对表单的 form 标记的各种属性进行介绍，然后对表单中常用的输入类控件、多行文本控件和选择框控件进行讲解，并对每个控件的实际使用进行举例，最后对表单布局要用到的 fieldset 标记、legend 标记和 label 标记进行说明。

本章要点

- form 标记的各种属性
- 输入类控件、多行文本控件和选择框控件的使用
- 表单布局控件的使用

9.1　表单的作用

HTML 中的表单（form）是网页中最常用的组件，是网站服务器端与客户端之间沟通的桥梁。表单在网上随处可见，它们被用于在登录页面输入用户名和密码，对博客进行评论等。

表单是网页上用于输入信息的区域，例如向文本框中输入文字或数字，在多选框中打钩，使用单选框选中一个选项，或从一个列表中选择一个选项等。按下提交按钮后，表单就被提交到网站。表单的主要功能是收集信息，例如在网上申请一个电子邮箱，就要按要求填写网站提供的表单页面并提交。

9.2　表单标记

9.2.1　form

可用<form>标记来定义一个表单，当一个表单被定义后即可在表单内放置表单标记。表单使用<form>作为开始标记，以</form>结尾。在一个 HTML 页面中允许有多个表单，以表单的名字（name）和地址（id）作为它们之间的区分。表单格式的代码如下：

```
01    <form 表单标记的各种属性设置>
02        设置各种表单标记
03    </form>
```

可以通过设置 form 标记的属性来设定表单，语法如下：

<form action="URL" method="get|post" id="IDname" style="style.information" name="fromname"

　　　　target="_blank|framename|_parent|_self|_top" class="classname" >

下面对属性进行说明。

1. action

在表单收集到信息之后，需要将收集到的信息传递给服务器，action 属性设置处理表单的服务程序。当表单被提交后，表单中的数据就会发送给 action 的值所指定的程序进行处理。例如：

　　　　action="http://www. htmlcss.com/findmessage.asp"

表示表单的内容提交给网址为 www. htmlcss.com 的服务器中的 findmessage.asp 页面去处理。如果处理程序和当前的 HTML 页面在同一个目录下面，还可以使用相对地址，例如：

　　　　action="findmessage.asp"

处理程序的地址除了可以是绝对地址或相对地址外，还可以是其他的地址形式，例如：

　　　　action=mailto:htmlcss@163.com

mailto:htmlcss@163.com是一段链接到 E-mail 的代码，表示该表单的内容会以电子邮件的形式传递出去。

2. method

method 用于设置表单内容向服务器提交时数据的传送方式。method 属性有两个可选取值：get 和 post。

（1）当 method="get"时，向服务器传送数据的方式为 get 方式。在这种方式下，要传送的数据会被附加在 URL 之后，被显示在浏览器的地址栏中，而且被传送的数据通常不超过 255 个字符。这种方式是 method 默认的值，但对数据的保密性差，不安全。例如：

　　　　http://www.baidu.com/s?wd=htmlcss

wd=htmlcss 就是传送的数据。

（2）当 method="post"时，向服务器提交数据采用 post 方式，这种方式传送的数据量没有限制，是以数据流的形式传送表单数据，但速度比较慢。

3. target

target 属性主要用来控制表单提交后的结果显示在哪里。它的 4 个值对应的含义和<a>标记中的 target 属性含义相同。

4. name

name 属性可以为表单指定一个名字，name 属性的作用主要是为了区分各个表单，因为在一个页面中可能会有多个表单，或者在一个表单处理程序中需要处理多个页面的表单，这个时候表单的名字就很重要了。

定义一个表单属性的例子如下：

　　　　<form name="myform" action=http://www.htmlcss/message.asp method="post" target="_blank">

表示将名为 myform 的表单以 post 的方式提交给http://www.htmlcss/message.asp，同时提交后返回结果的页面将打开一个新窗口进行显示。

表单的属性设置并不会直接对页面产生影响，主要是设置表单的内在属性，而不是表单的显示内容。如果让一个表单有意义，必须要有相应的表单元素。表单元素又被称为表单控件，图 9-1 所示是一个表单控件的示例。

表 9-1 所示是一些在表单中用来定义表单控件的表单标记，在下面的内容里将会对这些标记进行讲解。

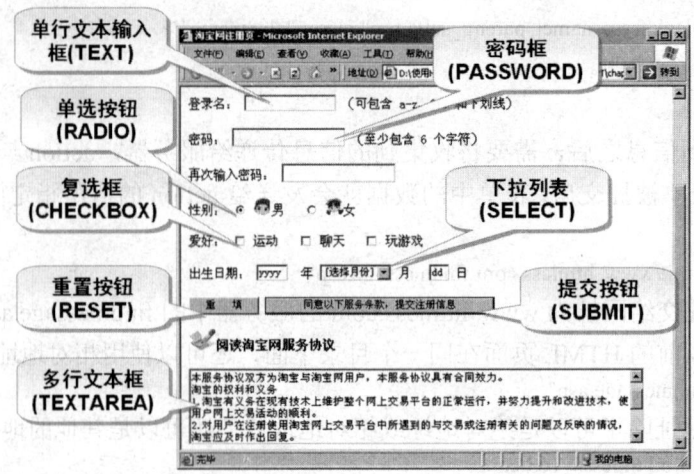

图 9-1 表单控件的示例

表 9-1 表单标记

标记	描述
<input>	定义输入域
<textarea>	定义文本域（一个多行的输入控件）
<select>	定义一个选择列表
<option>	定义下拉列表中的选项
<optgroup>	定义选项组
<fieldset>	定义域
<legend>	定义域的标题
<label>	定义一个控制的标记

9.2.2 input

最常用的表单控件是 input，这一类的表单控件被称为输入类控件，通过<input>来标记。输入类控件有很多种类型，通过 type 属性进行设置。<input>标记可以为表单提供单行文本输入框、单选按钮、复选框、普通按钮等。

1. 文本输入框：input type="text"

<input>标记用来在页面上添加一个文本框，以单行的形式显示在页面中。文本框提供最常用的文本输入功能，在文本框内可以输入数字、文本和字母等。

其语法为：

```
<input type="text" name="fieldname" id="ID name" class="class name" size="field size" value="default value" maxlength="maximum field size" />
```

其中：

（1）class 属性为文本框指定类名。

（2）id 为文本框指定标识符。

（3）name 是为文本框指定一个名字。

（4）type 属性用于设置<input>标记的类型，当 type="text"时指定为文本输入框。

（5）value 属性为文本框设置默认值，当文本框中有输入后，这个值被改变，它可以被脚本语言所引用。

（6）size 和 maxlaugth 属性用于设置文本框输出区的大小和输入内容的最大长度，这两个值可以不相同，当 size 缺省时，默认大小为 12。

例 9-1　简单文本框。

```
01      <!--9-1.html-->
02      <html>
03      <head>
04      <title>简单文本框的例子</title>
05      </head>
06      <body>
07      <form name="form" action=""     method="post">
08        <p align="left">请输入学号
09          <input name="studentID" type="text"    value="" />
10        </p>
11      </form>
12      </body>
13      </html>
```

显示效果如图 9-2 所示。

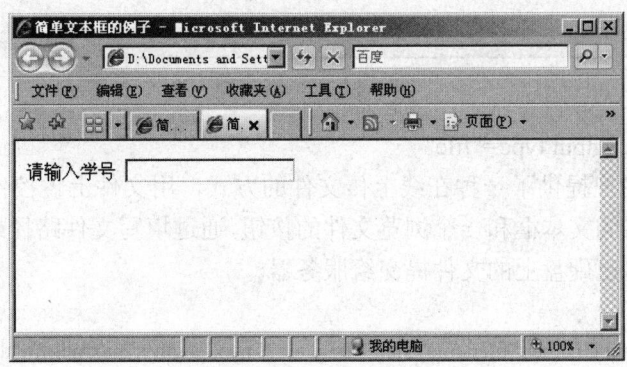

图 9-2　文本框示例

2. 密码框：input type="password"

密码框的外观和文本框没有太大区别，但是在该控件中输入的内容会用*号显示。其语法为：

```
<input type="password" name="field name" value="default value" size="field size">
```

type 指定了 input 标记的类型，其他属性的作用与文本框中的属性作用相同。

例 9-2　简单密码框。

```
01      <!--9-2.html-->
02      <html>
03      <head>
04      <title>简单密码框的例子</title>
05      </head>
06      <body>
07      <form name="from" action="" method="post">
08        <p align="center">用户登录</p>
```

```
09        <hr>
10        用户名
11        <input type="text" name="username" value="" />
12        <br />
13        用户密码
14        <input type="password" name="userpw" value="" />
15        <br />
16      </form>
17      </body>
18      </html>
```

显示效果如图 9-3 所示。

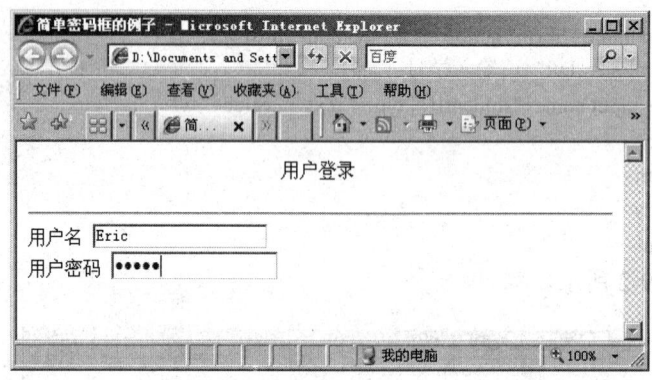

图 9-3   密码框示例

3. 文件上传框：input type="file"

文件上传框为用户提供了一种在线上传文件的方式，用文件上传控件时，在浏览器中会提供一个输入文件名的文本框和一个浏览文件的按钮，通过填写文件路径或者直接选择文件的方式，用户可以将自己硬盘上的文件提交给服务器。

其语法为：

```
<input   type=file name="filename" size="field size" maxlength="maxmumfieldsize">
```

type 指定了 input 标记的类型，其他属性的作用与文本框中的属性作用相同。

例 9-3   简单文件上传框。

```
01      <!--9-3.html-->
02      <html>
03      <head>
04      <title>简单文件上传框的例子</title>
05      </head>
06      <body>
07      <form name="theform"   action=""   method="post">
08          请输入上传文件名：
09        <input   type="file"   name="upfile"   size="20" />
10        <hr>
11      </form>
12      </body>
13      </html>
```

显示效果如图 9-4 所示。

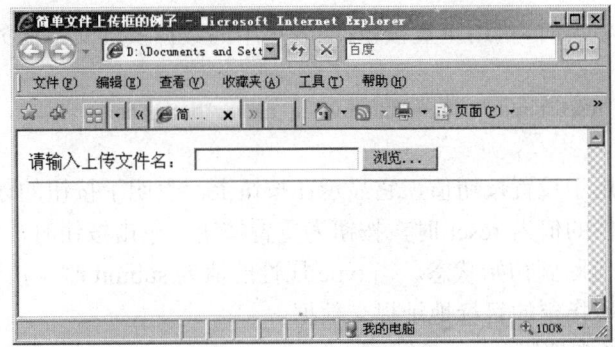

图 9-4 文件上传框示例

4. 普通按钮：input type="button"

当\<input\>标记中的 type 属性值为 button 时，\<input\>标记提供一个普通按钮。单击按钮不会激活任何动作。设置普通按钮的目的是用脚本语言可以把事件与按钮相关联。当单击这种按钮时，可以触发某一事件，通过对事件的响应来完成某种预设的功能。

普通按钮的语法为：

```
<input type="button" name="buttonname" value="text" onclick="script">
```

其中，type 指定了 input 标记的类型，value 指定了按钮上显示的内容。

例 9-4 普通按钮。

```
01    <!--9-4.html-->
02    <html>
03    <head>
04    <title>普通按钮的例子</title>
05    </head>
06    <body>
07    <form name="theform"  action=""  method="post">
08      普通按钮示例
09      <input type="button" value="普通按钮" onclick="script" />
10    </form>
11    </body>
12    </html>
```

显示效果如图 9-5 所示。

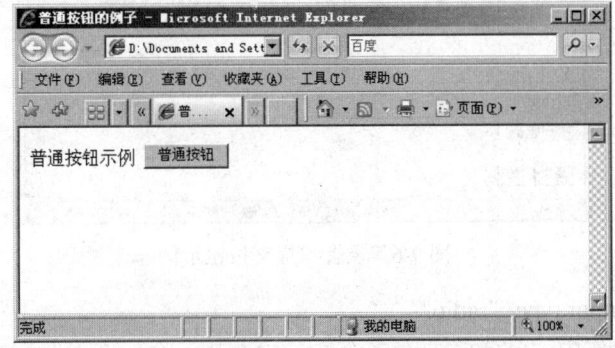

图 9-5 普通按钮示例

5. 重置与提交按钮

在表单中重置（reset）和提交（submit）按钮具有重要的作用，当对表单中的数据需要重新填写或恢复到初始状态时，可用重置按钮；当表单中的数据要提交给服务器时要用提交按钮。

其语法为：

```
<input   type="reset|submit" value="buttonvalue" name="button name">
```

其中：

（1）value 属性用于设置按钮值，它显示在按钮上，表明了按钮的含义。

（2）当 type 属性的值为 reset 时，按钮为重置按钮，单击按钮时，可使与此按钮在同一表单中的其他控件的值回到初始状态。当 type 属性的值为 submit 时，按钮的作用是向<form>标记中 action 属性值所指定的目标地址提交数据。

例 9-5　重置与提交按钮。

```
01    <!--9-5.html-->
02    <html>
03    <head>
04    <title>重置与提交按钮</title>
05    </head>
06    <body>
07    <form name="from" action="" method="post">
08      <p align="center">用户登录</p>
09      <hr>
10      用户名
11      <input type="text" name="username" value="">
12      <br />
13      用户密码
14      <input type="password" name="userpw" value="" />
15      <br />
16    <input   type="submit" name="" value="提交">
17    <input   type="reset" name="" value="重填">
18    </form>
19    </body>
20    </html>
```

显示效果如图 9-6 所示。

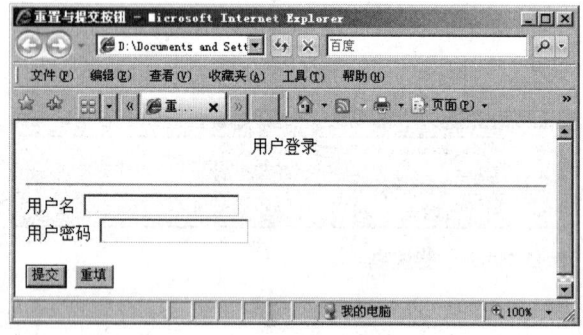

图 9-6　重置与提交按钮示例

6. 单选按钮：input type="radio"

在很多的选择操作中，常常需要在多个选项中选择一个。在<input>标记中，type 属性值为 radio 时，可设置一个单选按钮。

单选按钮的语法为：

```
<input type="radio" name="radio name" value="given value" checked />
```

其中：

（1）name 属性为单选按钮指定一个名字，单选按钮是在一组选项中选择一个。因此，在应用中至少需要设置两个单选按钮，为使它成为一组，必须将每个单选按钮中的 name 值设置成相同的，否则达不到多选一的效果，而是一选一。

（2）value 属性用于设置单选按钮的预设值。

（3）checked 属性用于指定单选按钮的初始状态。当 checked 缺省时，表明单选按钮未被选择；当设置 checked 时，表示被选择，并且在浏览器中以实心圆显示。

例 9-6　单选按钮。

```
01    <!--9-6.html-->
02    <html>
03    <head>
04    <title>单选按钮</title>
05    </head>
06    <body>
07    <form name="myform">
08       性别
09     <input   type="radio" name="sex"   value="man" checked />
10       男
11     <input   type="radio" name="sex" value="women" />
12       女
13    </form>
14    </body>
15    </html>
```

显示效果如图 9-7 所示。

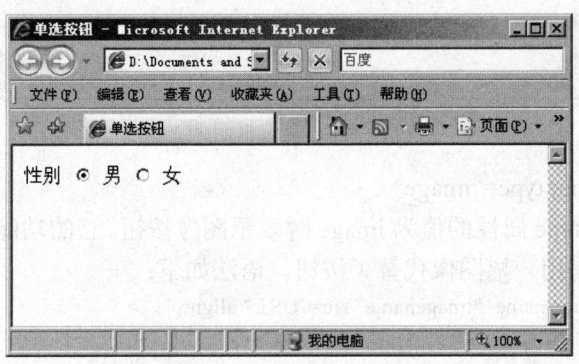

图 9-7　单选按钮示例

7．复选框：input type="checkbox"

复选框与单选按钮的区别是复选框提供可在一组中选择多个甚至全部功能。复选框的语法为：

```
<input type="checkbox" name="checkboxname" value="biven value" checked>
```

其中：

（1）name 是为复选框指定一个名字，同一组中的复选框其 name 的值应相同。

（2）value 属性是为复选框指定预设值，一旦复选框被选，向服务器提交数据时，value 属性的值被传送。

（3）checked 设置时表明复选框已被选择。

例 9-7　复选框的应用。

```
01    <!--9-7.html-->
02    <html>
03    <head>
04    <title>复选框</title>
05    </head>
06    <body>
07    <form name="myform">
08     <p align="left">您的爱好：
09        <input    type="checkbox" name="favorite" value="读书" />
10        读书
11        <input type="checkbox" name="favorite" value="唱歌" />
12        唱歌
13        <input type="checkbox" name="favorite" value="跳舞" />
14        跳舞</p>
15    </form>
16    </body>
17    </html>
```

显示效果如图 9-8 所示。

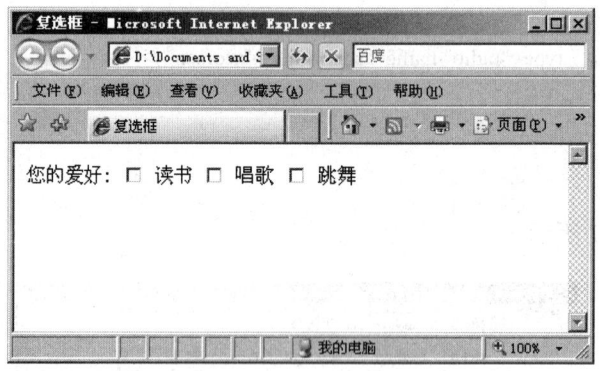

图 9-8　复选框示例

8．图像按钮：input type="image"

当<input>标记的 type 属性的值为 image 时表示图像按钮。它的功能与普通按钮基本相同，只不过在图像按钮中是用一幅图像代替了按钮。语法如下：

　　　<input type=image name="imagename" src="URL" align=" " />

其中：

（1）name 是图像按钮的名字。

（2）src 属性指明图像按钮中显示图像的 URL 地址。

（3）align 为图像按钮中图像的对齐方式。

例 9-8　图像按钮。

```
01    <!--9-8.html-->
02    <html>
03    <head>
04    <title>图像按钮</title>
05    </head>
06    <body>
07    <form name="myform">
```

```
08          <p align="left">请选择书籍：<br />
09            <input type="checkbox" name="favorite" value="HTML" />
10            HTML 与 CSS
11            <input type="checkbox" name="favorite" value="CSSBook" />
12            CSS 实战手册
13            <input type="checkbox" name="favorite" value="CSSLayout" />
14            CSS 商业网站布局之道</p>
15            <input type="image" name="" src="feedsky.gif" align="" />
16        </form>
17      </body>
18      </html>
```

显示效果如图 9-9 所示。

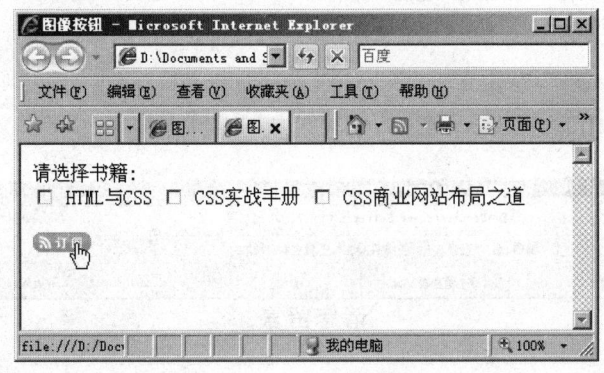

图 9-9　图像按钮示例

9.2.3　textarea

HTML 语言提供了多行文本的输入框，这是接收大量数据的文本区，它可以用于数据的输入，又可用于数据的显示区域。实现多行文本输入区的标记为<textarea>，其语法为：

<textarea class="class name"id="ID name"cols="number"rows="number"style="style information"readonly>在文本区中显示内容</textarea>

其中：

（1）<textarea>标记是一个容器标记，可以包含内容，若在<textarea>和</textarea>中有内容，则显示在文本区中，如果此文本区是用于接收数据的，应省去被标记的内容。

（2）class、name、id 和 style 属性与前面所学标记的同名属性具有相同的功能。

（3）rows 属性用来设置文本输入窗口的高度，单位是字符行；cols 属性用来设置文本输入窗口的宽度，单位是字符个数。通常多行文本区不能完全容纳数据时浏览器会自动产生滚动条。

（4）readonly 属性设定多行文本区为只读，不能修改和编辑。

例 9-9　利用多行文本的输入框设计一个留言板。

```
01      <!--9-9.html-->
02      <html>
03      <head>
04      <title>留言板</title>
05      </head>
06      <body>
07      <h2 align="center">请您留言</h2>
```

```
08        <hr>
09        <form name="form" action="" method="post">
10          <p>您的姓名
11            <input type="text" name="xm" value="过客" />
12          <hr>
13          主题
14          <input type="text" name="subject" value="" size="20" />
15          <br />
16          留言
17          <textarea name="sayword' cols="400" rows="5"></textarea>
18          <br />
19          <input type="reset" value="重新留言" />
20          <input type="submit" value="留言" />
21        </form>
22      </body>
23    </html>
```

显示效果如图 9-10 所示。

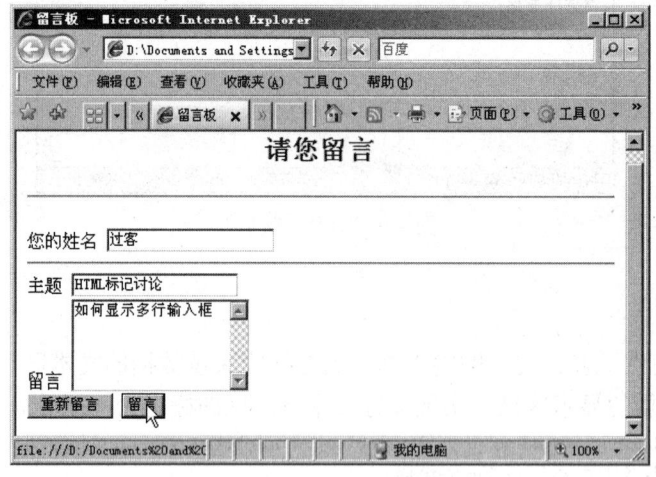

图 9-10   多行文本输入框示例

9.2.4   select 和 option

HTML 语言支持具有选择功能的标记<select>。使用选择功能方便了用户在多个选项中进行选择，提高了窗口区域的利用率。通过对<select>标记的属性 size 的值的设置，可产生不同的列表形式，如下拉列表和滚动列表。对属性 multiple 进行设置，可以同时选择多个列表项。<select>标记是定义一个列表结构的标记，列表中的列表项（或称菜单项）是真正被选择的对象，对它的定义要用<option>标记。因此，设置一个列表要同时使用<select>和<option>标记。

select 标记的语法如下：

```
<select class="class name" id="id name" name="selectname" size="number" multiple >
option 标记
</select>
```

其中：

（1）class、id、name、style 属性的含义与前面所介绍的标记的属性含义相同。

（2）size 属性用于设置显示列表项的个数，默认为 1，这时为下拉列表；当 size 值大于 1

而小于列表项数时，列表是滚动列表；当 size 的值大于列表项数时，列表所有的项被显示，这时列表是一个菜单。

（3）multiple 属性，当使用这个属性时，允许用户同时选择多个列表项。

（4）<select>标记是一个容器标记，它所包含的内容为<option>标记。在 HTML 文档中真正使用列表需要用<option>标记来定义列表项。

<option>标记的语法如下：

```
<option value="string" selected="selected" disabled >
列表项信息
</option >
```

其中：

（1）value 是列表项的设定值。当选择了这一列表项时，表单将它的值提交。

（2）selected 属性指定该列表项被选取，默认列表中的第一个列表项被选取。当 select 标记中使用了 multiple 属性时，selected 可被多个列表项使用，否则只能被一个列表项使用。

（3）disabled 属性可使一个选项不可用。

注意：<option>标记只能用在<select>标记的内部。

例 9-10 下拉列表框。

```
01    <!--9-10.html-->
02    <html>
03    <head>
04    <title>下拉列表框</title>
05    </head>
06    <body>
07    请选择课程：
08    <form>
09    <select size="1">
10      <option value="HTML 与 CSS">HTML 与 CSS</option>
11      <option value="HTML 与 XML" selected="selected"> HTML 与 XML</option>
12      <option value="网络工程基础">网络工程基础</option>
13    </select>
14    </form>
15    </body>
16    </html>
```

这是指定了被选项为第二个列表项"HTML 与 XML"的选择框，显示效果如图 9-11 所示。

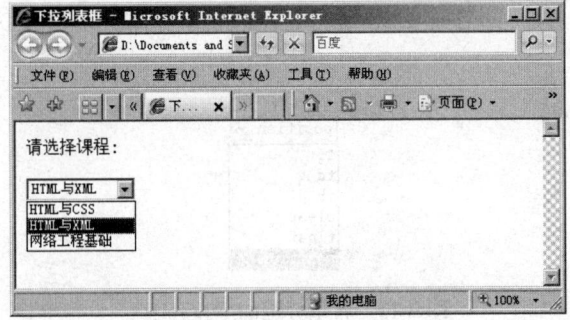

图 9-11 下拉列表框示例

如果使用了 multiple 属性，列表项"HTML 与 XML"、"网络工程基础"都使用了 selected

属性，这两个列表项被指定在默认情况下被选中。

例 9-11 多选项表框。

```
01    <!--9-11.hmtl-->
02    <html>
03    <head>
04    <title>多选项表框</title>
05    </head>
06    <body>
07    请选择课程：
08    <form>
09    <select size="3" multiple="multiple">
10      <option value="HTML 与 CSS ">HTML 与 CSS</option>
11      <option value="HTML 与 XML" selected="selected"> HTML 与 XML</option>
12      <option value="网络工程基础" selected="selected">网络工程基础</option>
13    </select>
14    </form>
15    </body>
16    </html>
```

显示效果如图 9-12 所示。

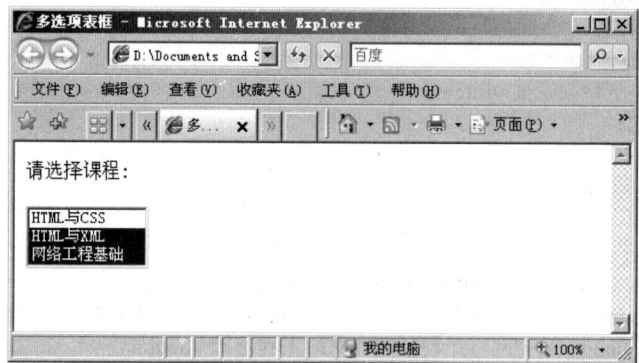

图 9-12   多选项表框示例

9.2.5   optgroup

在列表框中有的时候需要对选项进行分类，比如图 9-13 所示的下拉选项中有一部分是 HTML 的标记的内容，有一部分是 CSS 的标记的内容，所以希望将这些选项以分组的形式出现在下拉列表中。

图 9-13   希望分组的下拉列表框

<optgroup>标记可以对选项进行分组，通过<optgroup>标记可以对选项进行分类，并使用 label 属性在下拉列表里显示为一个不可选的缩进标题。语法如下：

```
<optgroup label="组名">
```

"组名"代表分组选择项的分类名（此分类名不能选择），以<optgroup>开始，以</optgroup>结束。例 9-12 对图 9-13 所示的下拉框增加分组功能。

例 9-12 分组后的多选项表框。

```
01    <!--9-12.html-->
02    <html>
03    <head>
04    <title>HTML 标签 optgroup</title>
05    </style>
06    </head>
07    <body>
08    <select>
09      <optgroup label="HTML 标记">
10      <option>tr</option>
11      <option>td</option>
12      <option>th</option>
13      </optgroup>
14      <optgroup label="CSS 标记">
15      <option>clear</option>
16      <option>float</option>
17      <option selected="selected">position</option>
18      </optgroup>
19    </select>
20    <br />
21    </body>
22    </html>
```

显示效果如</html>图 9-14 所示。

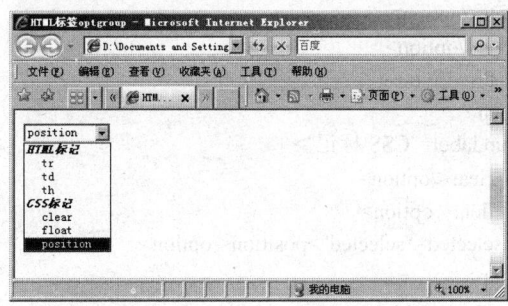

图 9-14　分组后的多选项表框示例

9.3　表单布局标记

9.3.1　fieldset 和 legend

<fieldset>标记可将表单内的相关标记分组。当一组表单控件放到<fieldset>标记内时，浏览器会以特殊方式来显示它们，它们可能有特殊的边界、3D 效果，甚至可创建一个子表单来处理这些标记。

<legend>标记为<fieldset>标记定义标题，且<legend>必须在<fieldse>标记中使用。例 9-13 对表单控件进行了分组。

例 9-13 fieldset 与 legend 的应用。

```
01    <!--9-13.html-->
02    <html>
```

```
03    <head>
04    <title>fieldset 与 legend 的应用</title>
05    <style type="text/css">
06    fieldset{
07      width:300px;
08      padding:5px 5px;
09      margin:30px auto;
10      display:block;
11      line-height:125%;
12      font-size:15px;
13    }
14    legend{
15      margin-left:15px;
16      font-size:18px;
17      color:red;
18    }
19    </style>
20    </head>
21    <body>
22    <form>
23      <fieldset>
24      <legend>HTML 与 CSS 标记</legend>
25      <select>
26        <optgroup label="HTML 标记">
27        <option>tr</option>
28        <option>td</option>
29        <option>th</option>
30        </optgroup>
31        <optgroup label="CSS 标记">
32        <option>clear</option>
33        <option>float</option>
34        <option selected="selected">position</option>
35        </optgroup>
36      </select>
37      </fieldset>
38      <fieldset>
39      <legend>选择书籍</legend>
40      <p align="left">请选择书籍：<br />
41        <input   type="checkbox" name="favorite" value="HTML" />
42        HTML 与 CSS
43        <input type="checkbox" name="favorite" value="CSSBook" />
44        CSS 实战手册
45        <input type="checkbox" name="favorite" value="CSSLayout" />
46        CSS 商业网站布局之道</p>
47      <input type="image" name="" src="feedsky.gif" align="" />
48      </fieldset>
49    </form>
50    </body>
51    </html>
```

显示效果如图 9-15 所示。

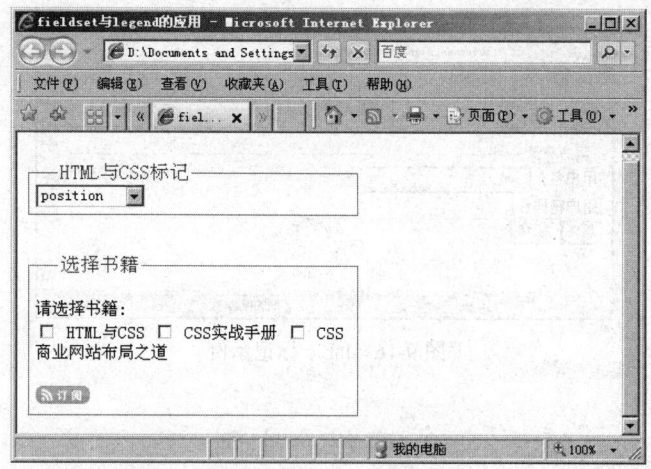

图 9-15　分组后的多选项表框示例

9.3.2　label

可以对 form 表单中的文本内容关联一个<label>标记，并使用<label>标记的 for 属性使其与表单组件关联起来，效果为单击文本时光标显示在相关联的表单组件内。使用时要将 lable绑定到其他控件，将<lable>标记的 for 属性设置为与该控件的 id 相同。将 lable 绑定到控件的name 属性没有作用。语法为：

　　　　<label for="fname">显示内容字符串</label>

for 表示<lable>标记要绑定的表单控件的 id，点击这个标记的时候，所绑定的标记将获取焦点。例 9-14 在有输入框控件的表单中使用了<lable>标记。

例 9-14　分组后的多选项表框。

```
01    <!--9-14.html-->
02    <html>
03    <head>
04    <title>lable 标记</title>
05    </head>
06    <body>
07    <form action=" ">
08      <fieldset>
09      <legend>用户登录</legend>
10      <label for="fname"> 用户名:</label>
11      <input type="text" name="username" value="" id="fname" />
12      <br />
13      <label for="fpwd">用户密码：</label>
14      <input type="password" id="wd" name="userpw" value=""  />
15      </fieldset>
16      <input   type="submit" name="" value="提交" />
17      <input   type="reset" name="" value="重填" />
18    </form>
19    </body>
20    </html>
```

显示效果如图 9-16 所示。

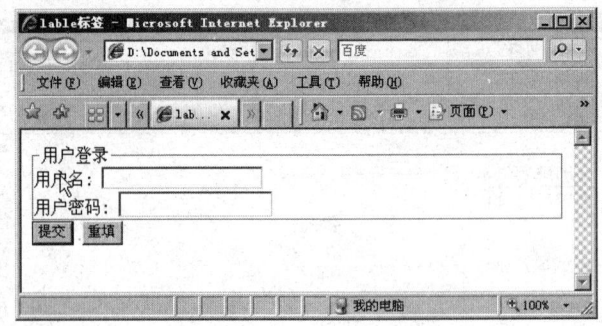

图 9-16　lable 标记示例

9.4　综合实例

请用本章所学的知识完成图 9-17 所示页面的设计。

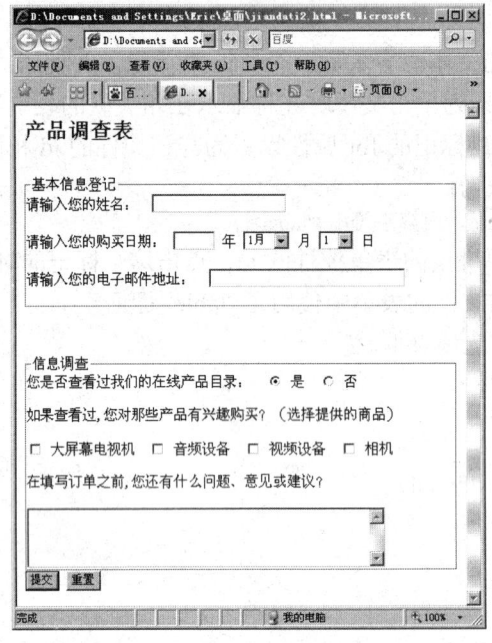

图 9-17　综合实例

表单设计的要求如下：

（1）注意页面布局的美观，这只是样例，页面的字体和样式可以自己设置。

（2）要求用到本章所学的各种表单控件，要用到不少于 5 种。

（3）要求用到表单布局标记<fieldset>和<legend>。

部分参考代码如下：

```
<html>
<head>
<title></title>
</head>
<body>
<h2>产品调查表</h2>
```

```
<form name="biao1" method="post" action="">
<fieldset>
<legend>基本信息登记</legend>
请输入您的姓名： 
<input type="text" size="20" name="n1">
请输入您的购买日期：
<input type="text" name="n2" size="5">
年
<select name="n3">
  <option value="0" selected>1 月</option>
  </select>
月
<select name="n4">
  <option value="0" selected>1</option>
  </select>
日
请输入您的电子邮件地址： 
<input type="text" name="n5" size="30">
</fieldset>
<fieldset>
<legend>信息调查</legend>
您是否查看过在线产品目录： 
<input type="radio" value="是" checked name="n6">
是
<input type="radio" value="否" name="n6">
否
如果查看过，您对哪些产品有兴趣购买？（选择提供的商品）
<input type="checkbox" name="n7">
大屏幕电视机 
在填写订单之前，您还有什么问题、意见或建议？
<textarea name="n5" cols="55" rows="4"    value="您的输入："></textarea>
</fieldset>
<input type="submit" name="n8" value="提交">
<input type="reset" name="n9" value="重置">
</body>
</html>
```

本章小结

　　表单是网页上用于输入信息的区域，可用<form>标记来定义一个表单，当一个表单被定义后即可在表单内放置表单标记。可以通过设置<form>的属性来设定表单。

　　最常用的表单控件是 input，这一类的表单控件被称为输入类控件。输入类控件有很多种类型，通过 type 属性进行设置。<input>标记可以为表单提供单行文本输入框、单选按钮、复选框、普通按钮等。可以通过标记<textarea>实现多行文本的输入框，并且可以通过标记<select>和<option>实现列表功能。

　　表单布局标记<fieldset>可将表单内的相关标记分组。<legend>标记为<fieldset>标记定义标题。对 form 表单中的文本标记给定一个<label>标记，并可以使用 for 属性使其与表单组件关联起来。

一、选择题

1．下列（　　）表示的不是按钮。

　　A．type="submit"　　　　　　　　B．type="reset"

　　C．type="text"　　　　　　　　　D．type="button"

2．表单提交的方式由（　　）指定。

　　A．"action"　　　B．"method"　　　C．name　　　　　D．class

3．target 属性主要用来控制表单提交后的结果显示在哪里，下面（　　）表示将返回信息显示在新打开的浏览器窗口中。

　　A．"_blank "　　　B．"_parent "　　　C．_ self　　　　D．_ top

二、填空题

1．表单是 Web_____和 Web_____之间实现信息交流和传递的桥梁。

2．表单对象的名称由_____属性设定，表单提交后的数据处理程序由_____属性指定。

3．若要提交大数据量的数据，则应采用_____方法。

4．用来输入密码的表单标记设置是_____。

完成如图 9-18 所示的表单设计。

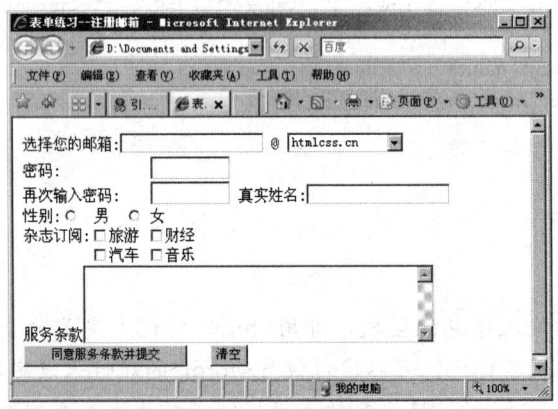

图 9-18　表单设计

技术要点：

（1）表单用到了几个常用的控件，注意它们之间的区别。

（2）对于单选按钮主要是 name 属性的设置。

（3）"同意服务条款并提交"对应 Submit 按钮，"清空"对应 Reset 按钮。

第 10 章　对表格与表单应用 CSS 样式

表格和表单在页面上经常用到，可以通过应用 CSS 样式对其进行修饰。本章首先介绍表格标记和一些表格常用的属性，然后重点讲解如何通过 CSS 来美化表格。

- 利用 CSS 样式构建美观的数据表格
- CSS 样式在表单中的应用

10.1　利用 CSS 样式构建美观的数据表格

在早期普遍使用表格来进行页面布局，但使用表格进行页面布局会导致文档体积加大，难以维护和修改。表格只应该用作其本身的用途，用来显示数据。本节先对表格标记和一些表格常用的属性进行介绍，然后重点讲解如何通过 CSS 来美化表格。除了特殊说明的部分外，本节中的 HTML 页面都是在 IE 7 中运行得到的结果。

10.1.1　表格标记

表格标记包含：表格、锚、数据行、数据列和单元格等。HTML 标记在表格制作方面做得很出色，但是结合 CSS 可以达到更好的效果。关于表格的标记前面章节已经做了讲解，这里只做简单说明，但会详细介绍在 CSS 中表格用到的属性。

1. 有关标记

（1）<table>、<td>和<caption>。<table>是表格标记，对整个表格样式的定义要放在<table>中。<td>是单元格标记，对单元格样式的定义要放在<td>中。<caption>是表格的标题标记。

（2）<thead>、<tbody>和<tfood>。<thead>、<tbody>和<tfood>能够将表格划分为逻辑部分。对于结构比较复杂的表格，可以将表格分割成三个部分：题头、正文和脚注。

- <thead>：表格的头，用来放标题。
- <tbody>：表格的身体，用来放数据。
- <tfood>：表格的脚，用来放脚注。

如果使用<thead>、<tfood>标记，那么至少要用一个<tbody>标记。在一个表格中只能使用一个<thead>和<tfood>标记。

（3）<col>和<colgroup>。虽然可以通过<tr>标记对整行应用样式，但是很难对整列应用样式。为了解决这个问题，可以通过<col>和<colgroup>标记实现。<colgroup>能够对使用<col>标记定义的一个或多个列进行分组，但并不是所有的浏览器都支持。利用<colgroup>标记可以把表格按列划分为若干组，每组可包含一列或几列，然后可以对各组分别设置格式。通常一个组的各列格式是相同的，如果列与列有差异，可通过在组内加入<col>标记进行设置。<col>标记是以列为单位设置属性，它可以把一列或几列设置成相同的风格。<col>标记只能在<table>标记和<colgroup>标记中使用。<colgroup>标记和<col>标记的属性有：

- text-align：设置组内单元格文本水平对齐方式，值可为 left、right、center、justify 等。
- vertical-align：设置组内单元格文本垂直对齐方式，值可为 top、middle、bottom、baseline 等。
- width：设置列组合的宽度，值为长度值或者百分比。

2. 表格中常用的属性

表格中常用的属性包括：边框宽度、边框颜色、边框样式、边框属性、填充间距、宽度、高度和边框共享。

（1）边框宽度。边框宽度属性用于指定一个元素边框的宽度，有上、下、左、右四个边框。属性值可以是一个关键字或长度，不允许使用负值，不受字体大小或长度的影响，可以用于实现成比例的宽度。边框宽度有两种设置方法：一种是直接在属性名中指定是对上、下、左、右四个边框中的具体一个来进行设置（如表 10-1 所示）；另一种是在一个属性中通过不同的值同时设置上、下、左、右四个边框的宽度（如表 10-2 所示）。

表 10-1　设置边框宽度-1

属性意义	语法	属性允许值	初始值
上边框宽度	border-top-width: <值>	thin | medium | thick | <长度>	medium
下边框宽度	border- bottom -width: <值>	thin | medium | thick | <长度>	medium
左边框宽度	border-left-width: <值>	thin | medium | thick | <长度>	medium
右边框宽度	border-right-width: <值>	thin | medium | thick | <长度>	medium

表 10-2　设置边框宽度-2

属性意义	语法	属性允许值	初始值
边框宽度	border-width: <值>	[thin | medium | thick | <长度>]{1,4}	未定义

border-width 属性用 1～4 个值来设置边框的宽度，值是一个关键字或长度，不允许使用负值。如果 4 个值都给出了，它们分别应用于上、右、下和左边框的式样。如果只给出一个值，它将被运用到每个边上。如果两个或 3 个值给出了，省略了的值与对边相等。

（2）边框颜色。边框颜色属性用来设置一个元素的边框颜色，有上、下、左、右四个边框。属性值是一个颜色表达式，颜色表达式可以是十六进制数值或颜色名称。边框颜色也有两种设置方法：一种是直接在属性名中指定是对上、下、左、右四个边框中的具体一个来进行设置（如表 10-3 所示）；另一种是在一个属性中通过不同的值设置上、下、左、右四个边框的颜色（如表 10-4 所示）。

border-color 用 1～4 个值设置一个元素的边框颜色。如果 4 个值都给出了，它们分别应用于上、右、下和左边框的式样。如果给出一个值，它将被运用到每个边上。如果两个或 3 个值给出了，省略了的值与对边相等。

（3）边框样式。边框样式属性用于设置一个元素边框的样式，有上、下、左、右四个边框，这个属性必须用于指定可见的边框。边框样式也有两种设置方法：一种是直接在属性名中指定是对上、下、左、右四个边框中的具体一个来进行设置（如表 10-5 所示）；另一种是在一个属性中通过不同的值设置上、下、左、右四个边框的样式（如表 10-6 所示）。

表 10-3　设置边框颜色-1

属性意义	语法	属性允许值	初始值
上边框颜色	border-top- color: <值>	<颜色表达式>	颜色属性的值
下边框颜色	border- bottom - color: <值>	<颜色表达式>	颜色属性的值
左边框颜色	border-left- color: <值>	<颜色表达式>	颜色属性的值
右边框颜色	border-right- color: <值>	<颜色表达式>	颜色属性的值

表 10-4　设置边框颜色-2

属性意义	语法	属性允许值	初始值
边框颜色	border-color: <值>	<颜色表达式>{1,4}	颜色属性的值

表 10-5　设置边框样式-1

属性意义	语法	属性允许值	初始值
上边框样式	border-top- style: <值>	none | dotted | dashed | solid | double | groove | ridge | inset | outset	none
下边框样式	border- bottom - style: <值>	none | dotted | dashed | solid | double | groove | ridge | inset | outset	none
左边框样式	border-left- style: <值>	none | dotted | dashed | solid | double | groove | ridge | inset | outset	none
右边框样式	border-right- style: <值>	none | dotted | dashed | solid | double | groove | ridge | inset | outset	none

表 10-6　设置边框样式-2

属性意义	语法	属性允许值	初始值
边框样式	border-style: <值>	[none | dotted | dashed | solid | double | groove | ridge | inset | outset]{1,4}	none

border-style 用 1～4 个值设置一个元素的边框样式。如果 4 个值都给出了，它们分别应用于上、右、下和左边框的式样。如果给出一个值，它将被应用到每个边上。如果两个或 3 个值给出了，省略了的值与对边相等。

各个边框样式的意义如下：

● none：无样式，指定表格没有边框，所以边框宽度为 0。

● dotted：点线，由点线组成的表格边框。

● dashed：虚线，由虚线组成的表格边框。

● solid：实线，由实线组成的表格边框。

● double：双线，由双实线组成的表格边框。

● groove：槽线，槽线效果边框。

● ridge：脊线，脊线效果边框，和槽线效果相反。

● inset：内凹，内凹效果边框。

● outset：外凸，外凸效果边框，和内凹效果相反。

（4）边框属性。边框属性用于设置一个元素边框的宽度、式样和颜色，有上、下、左、右四个边框。边框属性有两种设置方法：一种是直接在属性名中指定是对上、下、左、右四个边框中的具体一个进行设置（如表 10-7 所示）；另一种是在一个属性中同时设置上、下、左、右四个边框的属性（如表 10-8 所示）。

例如，h2 { border: thin dotted #800080 }。

表 10-7　设置边框属性-1

属性意义	语法	属性允许值	初始值
上边框属性	border-top: <值>	<边框宽度> ‖ <边框式样> ‖ <颜色>	未定义
下边框属性	border- bottom: <值>	<边框宽度> ‖ <边框式样> ‖ <颜色>	未定义
左边框属性	border-left: <值>	<边框宽度> ‖ <边框式样> ‖ <颜色>>	未定义
右边框属性	border-right: <值>	<边框宽度> ‖ <边框式样> ‖ <颜色>	未定义

表 10-8　设置边框属性-2

属性意义	语法	属性允许值	初始值
边框属性	border: <值>	<边框宽度> ‖ <边框式样> ‖ <颜色>	未定义

（5）填充间距。设置对象边框和内容之间填充多少空间。对于 td 和 th 对象而言默认值为 1，其他对象的默认值为 0。如果提供全部 4 个参数值，将按上－右－下－左的顺序作用于四边。如果只提供一个，将用于全部的四条边。如果提供两个，第一个用于上－下，第二个用于左－右。如果提供 3 个，第一个用于上，第二个用于左－右，第三个用于下。填充间距和上面的边框属性一样也可以是直接在属性名中指定是对上、下、左、右四个中的具体一个进行设置，如表 10-9 所示。

表 10-9　设置填充间距

属性意义	语法	属性允许值	初始值
高度	padding: <值>	<长度>{1,4}	0

（6）宽度。宽度属性的初始值为 auto，即该元素的原有宽度（也就是元素自己的宽度），百分比参考上级元素的宽度，不允许使用负的长度值，如表 10-10 所示。

表 10-10　设置宽度

属性意义	语法	属性允许值	初始值
宽度	width: <值>	<长度> ‖ <百分比> ‖ auto	auto

（7）高度。高度属性的初始值为 auto，即该元素的原有高度（也就是元素自己的高度），百分比参考上级元素的高度，不允许使用负的长度值，如表 10-11 所示。

表 10-11　设置高度

属性意义	语法	属性允许值	初始值
高度	height: <值>	<长度> ‖ auto	auto

（8）边框共享。设置表格的行和单元格的边是合并在一起还是按照标准的 HTML 样式分开，如表 10-12 所示。此属性对于 currentStyle 对象是只读的，对于其他对象是可读写的。

表 10-12　设置边框共享

属性意义	语法	属性允许值	初始值
边框共享	border-collapse: <值>	separate | collapse	separate

10.1.2　对表格应用样式

当在 HTML 页面上浏览表格数据时，应该能轻松看清表格的结构。这时表格的行和列之间要格式清晰，表格内的文字应该按一定的格式对齐；同时为了更好地区分多行数据，应使用多种边框形式或背景颜色；表格标题应当与表格内容明显相关，并要与页面上的其他文本有显著的差别。可以通过 CSS 对表格的相关属性进行设置，美化表格的表现形式，得到样式漂亮的数据表格。下面对常见的设置进行说明。在下面的一些代码示例中，有一些例子因为 HTML 部分的代码比较简单常用，所以就只给出了 CSS 部分的代码。

1. 表格和单元格宽度

在用 CSS 样式格式化表格时，首先要确定表格的宽度。浏览器的默认设置是 table{width:auto;}，这会使表格宽度随内容的宽度而改变。一般来说，这样表格会显得比较杂乱。为了充分利用空间，将表格宽度设置为可用宽度的 100%。如果表格有 4 列，可以将每个表格单元的宽度都设为 25%。

例 10-1　设置表格和单元格宽度。

```
01    /*10-1.css*/
02    table {
03        width: 100%;
04    }
05    th, td {
06        width: 25%;
07    }
```

2. 文本对齐

为了让表格文字显示整齐，可以设置一下文本对齐方式。要控制内容在表格单元格内部的位置，可以用 text-align 和 vertical-align 属性。在默认状态下，浏览器会使文字左对齐。通过 text-align 属性可以使文字水平居中对齐。

例 10-2　设置文本居中对齐。

```
01    /*10-2.css*/
02    table {
03        width: 100%;
04    }
05    th, td {
06        width: 25%;
07        /*使文字居中对齐*/
08        text-align: center;
09    }
```

在默认状态下，所有单元格都是垂直居中对齐的，可以通过 vertical-align 属性将文本对齐到单元格顶部或底部。下面的 CSS 代码是将文本对齐到顶部。

例 10-3　设置文本顶部居中对齐。

```
01    /*10-3.css*/
02    table {
03       width: 100%;
04    }
05    th, td {
06       width: 25%;
07       text-align: center;
08       /*将文本对齐到顶部*/
09       vertical-align: top;
10    }
```

3. 边框

可以通过设置边框来让表格数据更容易读。表格的边框环绕在数据单元格外面，并位于单元格和标题之间。根据不同的需求，既可以定义整个表格的边框，也可以对单独的单元格分别进行定义。可以使用上面提到的边框样式的属性值来定义边框类型、边框颜色和边框宽度。

下面用 border 属性为表格和单元格设定边框的属性。

例 10-4　设置边框。

```
01    /*10-4.html*/
02    <style type="text/CSS">
03    table {
04       width: 100%;
05       border: 1px solid #000;      //设置表格的边框宽度为1px，样式为实线，颜色为黑色
06    }
07    th, td {
08       width: 25%;
09       text-align: center;
10       vertical-align: top;
11       border: 1px solid #000;      //设置单元格的边框宽度为1px，样式为实线，颜色为黑色
12    }
13    </style>
```

设置效果如图 10-1 所示。

课程列表

课程编号	课程名	学分	学时
0001	HTML与CSS前台页面设计	4	72
0002	JAVA高级程序设计	6	108

图 10-1　带边框的表格

如果不喜欢单元格之间的间隙，有两种方法可以改变这种外观。一种是直接用 border-spacing 属性来取消间距。

例 10-5　取消边框间距。

```
01    /*10-5.html*/
02    <style type="text/CSS">
03    table {
04       width: 100%;
05       border: 1px solid #000;
06       border-spacing: 0;
07    }
```

```
08      th, td {
09          width: 25%;
10          text-align: center;
11          border: 1px solid #000;
12      }
13      </style>
```

图 10-2 所示是在 Firefox 3.6.8 下运行显示的结果。

课程列表			
课程编号	课程名	学分	学时
0001	HTML与CSS前台页面设计	4	72
0002	JAVA高级程序设计	6	108

图 10-2　取消边框间距的表格

这样边框就会彼此相接，而不是相离。它将 1px 宽的边框变成了 2px 宽。border-spacing 属性也可以用来增加单元格间距，但这项在 IE 中不起作用。

如果想保留 1px 边框效果，就要设置表格使边框彼此合并，可用 border-collapse 属性来代替 border-spacing 属性以达到这种效果。

例 10-6　合并边框。

```
01      /*10-6.html*/
02      <style type="text/CSS">
03      table {
04          border-collapse: collapse;
05          width: 100%;
06          border: 1px solid #000;
07      }
08      th, td {
09          width: 25%;
10          text-align: center;
11          vertical-align: top;
12          border: 1px solid #000;
13      }
14      </style>
```

这样就会产生如图 10-3 所示的只有 1px 边框的表格了。

课程列表			
课程编号	课程名	学分	学时
0001	HTML与CSS前台页面设计	4	72
0002	JAVA高级程序设计	6	108

图 10-3　合并边框的表格

当设置边框合并时，如果邻近的单元格的边框样式不同，则会产生问题。因为不同的边框样式彼此合并的时候，它们会互相冲突。在 W3C-CSS2 规范中表格边框冲突解决法则规定了在合并时哪一种样式会优先。在表格设置 border-collapse 为 collapse 后，表格进行合并时会产生覆盖，其中 Firefox 是用<td>覆盖<table>，而 IE 是用<table>覆盖 td。

4.　边距设置

现在单元格已经加上了边框，如果想在标题和单元格里的文字与边框之间增加一些空白，可以通过设置 padding 来达到这种效果。

例 10-7　填充距。

```
01    /*10-7.html*/
02    <style type="text/CSS">
03    table {
04        border-collapse: collapse;
05        width: 100%;
06        border: 1px solid #000;
07    }
08    th, td {
09        width: 25%;
10        text-align: center;
11        vertical-align: top;
12        border: 1px solid #000;
13        /*文字离上下边框都是 10px，离左右边框都是 0px*/
14        padding: 10px  0px;  14
15    }
16    caption {
17        padding: 10px  0px;  //标题离上下都是 10px，离左右都是 0px
18    }
19    </style>
```

这样就可以让文本离边距之间的距离合适，读起来更清晰，如图 10-4 所示。

课程列表

课程编号	课程名	学分	学时
0001	HTML与CSS前台页面设计	4	72
0002	JAVA高级程序设计	6	108

图 10-4　单元格加上填充距后的表格

5. 背景设置

可以通过 CSS 给表格设置背景颜色和图片，这是通过 background 属性来完成的。但要注意的是，表格的各个部分会"一层叠一层"。W3C-CSS2 规范说明了背景层次的一些细节，就是背景会以下面的顺序彼此重叠：

- 表格（位于"底部"或"后部"）
- 列组
- 列
- 行组
- 行
- 单元格（位于"顶部"或"前部"，也就是说单元格的背景覆盖在所有其他背景之上）

因此，如果为表格设置了一个背景，而为单元格设置了另一个背景颜色，那么单元格的背景将会覆盖表格的背景。如果边框设置为 collapse，则根本看不见表格的背景。如果将 border-collapse 设为 separate，表格背景将显示在单元格间隙之中。HTML 页面中不同元素互相覆盖的优先级是可修改的，通过修改某个元素的 z-index 属性可以改变该元素相对于其他元素的位置。

例如可以将表格背景设为红色，单元格背景设为白色，不相连的单元格可以露出红色来，但单元格本身仍然是白色的。

例 10-8 背景颜色设置。

```
01    /*10-8.html*/
02    <style type="text/CSS">
03    table {
04        border-collapse: separate;
05        width: 100%;
06        border: 1px solid #000;
07        background: #CC0000;    //表格背景设为红色
08    }
09    th, td {
10        text-align: center;
11        border: 1px solid #000;
12        background: # FFFFFF;    //单元格背景设为白色
13    }
14    caption {
15        padding: 10px 0;
16    }
17    </style>
```

设置后显示效果如图 10-5 所示。

课程列表

课程编号	课程名	学分	学时
0001	HTML与CSS前台页面设计	4	72
0002	JAVA高级程序设计	6	108

图 10-5　设置了背景色的表格

也可以使用背景图片，下面是其 CSS 代码。

例 10-9 背景图片设置。

```
01    /*10-9.html*/
02    <style type="text/CSS">
03    table {
04        border-collapse: separate;
05        width: 100%;
06        border: 1px solid #000;
07        background: #CC0000
08    }
09    th, td {
10        text-align: center;
11        border: 1px solid #000;
12        background: #FFFFCC url(bg.gif) bottom repeat-x;    //用背景图片填充单元格
13    }
14    caption {
15        padding: 10px 0;
16    }
17    </style>
```

设置后显示效果如图 10-6 所示。

课程列表

课程编号	课程名	学分	学时
0001	HTML与CSS前台页面设计	4	72
0002	JAVA高级程序设计	6	108

图 10-6　设置背景图像的表格

6. 标题和表头的处理

为了让表格标题突出显示，可以增加字号并且采用粗体显示，还可以通过应用顶空白和底空白边增加标题上下的空间。下面的 CSS 代码将表头背景设置为浅黄色。

例 10-10　标题和表头的处理。

```
01    /*10-10.html*/
02    <style type="text/CSS">
03    caption {
04        padding: 10px 0;
05        font-size: 1.2em;          //增加字号
06        font-weight: bold;         //粗体
07        margin: 10px   0;          //置顶空白和底空白边
08    }
09    th {
10        background: #666666;       //表头背景设置为浅黄色
11        padding:8px;               //表头间距设置为8px
12    }
13    </style>
```

将新的 CSS 样式加入到前面的代码中，效果如图 10-7 所示。

课程列表

课程编号	课程名	学分	学时
0001	HTML与CSS前台页面设计	4	72
0002	JAVA高级程序设计	6	108

图 10-7　增加标题和表头处理的表格

7. 标题摆放

到目前为止，表格标题都还是位于表格顶部。在其他浏览器下可以用 caption-side 属性来改变标题的位置，该属性的选项有顶部、底部、左侧和右侧。但在 IE 中无法实现，任何 side-specific 样式在 IE 下都不能被识别。下面的 CSS 代码的作用是把标题移到底部。

例 10-11　标题摆放。

```
01    /*10-11.html*/
02    caption {
03        caption-side: bottom;
04    }
05    </style>
```

将新的 CSS 样式加入到前面的代码中，效果如图 10-8 所示，这是在 Firefox3.6.8 下运行显示的结果。

课程编号	课程名	学分	学时
0001	HTML与CSS前台页面设计	4	72
0002	JAVA高级程序设计	6	108

课程列表

图 10-8　设置标题在下方的表格

8. 表格行的颜色交替

有一种常见的表格设计是使表格行的颜色产生交替。实现颜色交替效果最简单的办法是添加一个类来设定一个背景色，然后用 CSS 类选择符来样式化相邻行中的单元格。下面的代码实现交替的蓝色和白色行，将.odd 应用于每个奇数行，给这些行加上蓝色背景。

```
01    .odd{
02        background-color: #edf5ff;
03    }
```

在奇数行的 tr 标记中应用该样式：

```
<tr class="odd">
```

由于表头已经有自己的样式了，因此不对表头应用该样式。

例 10-12　表格行的颜色交替。

```
01    /*10-12.html
02    <style type="text/CSS">
03    .odd
04    {
05        background-color: #3399FF;
06    }
07    </style>
```

将新的 CSS 样式加入到前面的代码中，效果如图 10-9 所示。

课程列表

课程编号	课程名	学分	学时
0001	HTML与CSS前台页面设计	4	72
0002	JAVA高级程序设计	6	108
0003	.NET高级程序设计	6	108
0004	数据库设计	6	108

图 10-9　表格行的颜色交替

上面是为 HTML 表格添加行颜色交替效果的最简单的办法，但是该方法并不是很好。如果在表格中插入了行，那么就得重新调整类 odd 的位置。这时可以通过 CSS Expression，即动态 CSS 属性来简便地达到上面的效果。CSS Expression 从 IE 5.0 开始引入，IE 8 将不再支持，它用来把 CSS 属性和 JavaScript 表达式关联起来，这里的 CSS 属性可以是元素固有的属性，也可以是自定义属性。就是说 CSS 属性后面可以是一段 JavaScript 表达式，CSS 属性的值等于 JavaScript 表达式计算的结果。表达式中可以直接引用元素自身的属性和方法，也可以使用其他浏览器对象。这个表达式使 CSS 属性动态生成，所以可以使用这个方法，根据 tr 是奇数还是偶数来设置不同的背景颜色，这样就不用再在 HTML 标记中做任何设置了。代码如下：

```
01    tr{
02        background-color:expression((this.sectionRowIndex%2==0)?'# FFFFFF':'#3399FF);
03    }
```

该语句计算当前行如果是偶数行就设置背景色为白色，如果是奇数行背景色就是蓝色。该行数是从表头开始计算起的，因为表头行的颜色要与偶数行不一样，所以要在后面重写<th>的背景色，如下：

```
01    th {
02        padding:8px;
03        background-color: #FFFF66;
04    }
```

例 10-13　CSS Expression 实现表格行的颜色交替。

```
01    /*10-13.html*/
02    <style type="text/CSS">
03    tr{
04        background-color:expression((this.sectionRowIndex%2==0)?'# FFFFFF':'#3399FF);
05    }
06    th {
07        padding:8px;
08        background-color: #FFFF66;
09    }
10    </style>
```

将新的 CSS 样式加入到前面的代码中，效果如图 10-10 所示。

课程列表

课程编号	课程名	学分	学时
0001	HTML与CSS前台页面设计	4	72
0002	JAVA高级程序设计	6	108
0003	.NET高级程序设计	6	108
0004	数据库设计	6	108

图 10-10　用 CSS Expression 实现的表格行的颜色交替

9．不完全表格

有的 HTML 页面设计对于结构化程度较低的表格响应速度很快，因此可以通过设置 <table>属性删除竖边框并省略标题栏的背景，如图 10-11 所示。

课程列表

课程编号	课程名	学分	学时
0001	HTML与CSS前台页面设计	4	72
0002	JAVA高级程序设计	6	108
0003	.NET高级程序设计	6	108
0004	数据库设计	6	108

图 10-11　不完全表格

例 10-14　不完全表格。

```
01    /*10-14.html*/
02    <style type="text/CSS">
03    table {
04        width: 100%;
05        border: 1px solid #999;
06        text-align: center;
07        border-collapse: collapse;
08        margin: 0 0 10px 0;
09    }
10    th, td {
11        border-bottom: 1px solid #999;
12        width: 25%;
13    }
14    </style>
```

10. 内部表格

有时可能会想删除表格的外边框，只保留由内部边框组成的网格，如图 10-12 所示。

课程列表

课程编号	课程名	学分	学时
0001	HTML与CSS前台页面设计	4	72
0002	JAVA高级程序设计	6	108
0003	.NET高级程序设计	6	108
0004	数据库设计	6	108

图 10-12　内部表格

可以用 last-child 这个伪类选择符来达到这种效果。last-child 伪类指向的是父元素中的最后一个子元素。

例 10-15　内部表格。

```
01    /*10-15.html*/
02    <style type="text/CSS">
03    table {
04        width: 100%;
05        text-align: center;
06        bordcr-collapse: collapse;
07        margin: 0 0 10px 0;
09    }
10    caption, td, th {
12        padding: 0.3em;
13    }
14    th, td {
15        border-bottom: 1px solid #000;
16        border-right: 1px solid #000;
17    }
18    /*通过 last-child 删除表格的外边框*/
19    th:last-child, td:last-child {
20        border-right: 0;
21    }
22    th {
23      width: 25%;
24    }
25    </style>
```

目前有些浏览器还不支持上面的一些属性，图 10-12 所示是在 Firefox3.6.8 下运行显示的结果。

11. 按列进行设置

利用<colgroup>标记可以把表格按列划分为若干组，每组可包含一列或几列，然后可以对各组分别设置格式。下面对不同的列设置不同的背景颜色。

例 10-16　按列进行设置。

```
01    /*10-16.html*/
02    <!DOCTYPE html PUBLIC "-//W3C//DTD XHTML 1.0 Transitional//EN"
          "http://www.w3.org/TR/xhtml1/DTD/xhtml10-transitional.dtd">
03    <html xmlns="http://www.w3.org/1999/xhtml">
```

```
04      <head>
05      <title>HTML CSS Table</title>
06      <style type="text/CSS">
07      table {
08          border-collapse: collapse;
09          width: 100%;
10          border: 1px solid #000;
11      }
12      th, td {
13          text-align: center;
14          border: 1px solid #000;
15      }
16      caption {
17          padding: 10px 0;
18          font-size: 1.2em;
19          font-weight: bold;
20          margin: 10px 0;
21      }
22      th{
23          text-align: center;
24          border: 1px solid #000;
25          background-color: #FFFFFF;
26      }
27      .odd {
28          width:130px;
29          background: #CCFF66;
30      }
31      .even{
32          width:80px;
33          background: #9999FF
34      }
35      td{
36          font-size:12px;
37          color:#666699;
38          text-align:center;
39      }
40      </style>
41      </head>
42      <body>
43      <table>
44      <caption>课程列表</caption>
45      <colgroup>
46          <col class="odd">
47          <col class="even">
48          <col class="odd">
49          <col class="even">
50      </colgroup>
51       <tr>
52          <th>课程编号</td>
53          <th>课程名</td>
54          <th>学分</td>
55          <th>学时</td>
```

```
56          </tr>
57          <tr>
58              <td>0001</td>
59              <td>HTML 与 CSS 前台页面设计</td>
60              <td>4</td>
61              <td>72</td>
62          </tr>
63          <tr>
64              <td>0002</td>
65              <td>JAVA 高级程序设计</td>
66              <td>6</td>
67              <td>108</td>
68          </tr>
69          <tr>
70              <td>0003</td>
71              <td>.NET 高级程序设计</td>
72              <td>6</td>
73              <td>108</td>
74          </tr>
75          <tr>
76              <td>0004</td>
77              <td>数据库设计</td>
78              <td>6</td>
79              <td>108</td>
80          </tr>
81      </table>
82      </body>
83      </html>
```

设置后的显示效果如图 10-13 所示。

课程列表

课程编号	课程名	学分	学时
0001	HTML与CSS前台页面设计	4	72
0002	JAVA高级程序设计	6	108
0003	.NET高级程序设计	6	108
0004	数据库设计	6	108

图 10-13　对列进行设置的表格

12. 鼠标动态效果

当鼠标停留在行上时可以改变行的颜色，从而提高额外的视觉效果。可以通过对<tr>标记使用 hover 伪类选择器实现，但 IE 6 及更低版本只支持<a>标记上的 hover 伪类选择器。因为只希望对单元格有鼠标动态效果，而不希望影响到表头，所以在定义样子时要指明是对<td>标记适用。

例 10-17　鼠标动态效果。

```
01      /*10-17.html*/
02      //当鼠标停留在行上时改变行的背景颜色和字体的颜色
03      tr:hover   td{
04              background-color:#006699;
05              color: #FFFFFF;
06      }
07      </style>
```

图 10-14 所示是正常时的表格，图 10-15 所示是鼠标放在单元格上方时的表格。

课程列表

课程编号	课程名	学分	学时
0001	HTML与CSS前台页面设计	4	72
0002	JAVA高级程序设计	6	108
0003	.NET高级程序设计	6	108
0004	数据库设计	6	108

图 10-14　鼠标不在单元格上方的表格

课程列表

课程编号	课程名	学分	学时
0001	HTML与CSS前台页面设计	4	72
0002	JAVA高级程序设计	6	108
0003	.NET高级程序设计	6	108
0004	数据库设计	6	108

图 10-15　鼠标放在单元格上方的表格

10.2　CSS 样式在表单中的应用

随着 HTML 页面的交互性越来越强，表单的使用也越来越多。表单用于输入信息，例如向文本框中输入文字或数字、使用单选按钮选中一个选项、从一个列表中选择一个选项等。在按下提交按钮后，表单就被提交到服务器。表单可以用于在登录页面输入用户名和密码，对博客进行评论，在论坛上填写个人信息和发布帖子等。表单有的很简单，比如只有邮件地址和消息字段。也有的非常复杂，跨越多个页面。可以通过 CSS 来设计表单，使表单功能更复杂，表现更清晰。

关于表单的标记前面已经做了讲解，这里只做简单说明，重点介绍怎样用 CSS 进行表单布局和修饰表单。除了特殊说明的部分外，本节中的 HTML 页面都是在 IE 7 中运行得到的结果。

10.2.1　表单标记

1．<form>

<form>标记是创建一个表单所需要的基本标记，每一个表单都必须以<form>标记开始，并以</form>标记结束。但要注意，不能在一个表单内再嵌套一个表单。

2．<input>

<input>标记定义了那些可以输入信息的区域。每个<input>标记都必须有一个定义接收类型的 type 属性，其可能的属性值包括：text（文本框）、button（按钮）、checkbox（复选框）、file（文件）、hidden（隐藏字段）、image（图像）、password（密码框）、radio（单选按钮）、reset（重置按钮）、submit（提交按钮）等。

3．<fieldset>和<legend>

<fieldset>和<legend>标记可以帮助在表单中添加结构。

　　<fieldset>标记定义了一个表单组，通过将相关联的控件分组，可以把表单分为更小，更易于管理。在<fieldset>周围有一个细线边框，将 border 属性设置为 none 可以关闭它。

　　<legend>标记定义该控件组的标题，且必须在 fieldse 标记中。它的 accesskey 属性定义了快捷键，使用户能够更快地跳到目标控件组。

　　4．<label>

　　<label>标记可帮助添加结构和增加表单的可访问性。将<label>与表单里的元素关联起来的方法是：

```
<label for="idname">姓名</label>
```

10.2.2　表单布局

1．格式对齐

一个表单中的元素如果没有设置对齐方式，那么会显得会比较凌乱，如图 10-16 所示。

图 10-16　没有用 CSS 设置对齐的表单

例 10-18　没有使用 CSS 的页面。

```
01    /*10-18.html*/
02    <html>
03    <title>HTML CSS Form</title>
04    <head>
05    </head>
06    <body>
07    <form>
08    <fieldset>
09    <legend>通讯录</legend>
10    <p><label for="name">姓名：</label> <input id="name" name="name" type="text"/> </p>
11    <p><label for="email">E-mail：</label> <input id="email" name="email" type="text"/> </p>
12    <p><label for="phone">联系电话：</label> <input id="phone" name="phone" type="text"/></p>
13    </fieldset>
14    <input class="submit" type="submit" value="提交"/>
15    </form>
16    </body>
17    </html>
```

　　这个时候可以通过 CSS 给标签设置统一的宽度，使输入框可以对齐。这个宽度值应该提供足够的空间在一行中容纳整个<label>上显示的内容。还应该通过 float 属性把标签浮动到左边。同时为了让标签不太靠近边框，还可以设置一下<fieldset>的 padding 属性，使标签与<fieldset>有一定的间距。最后为了符合习惯，还要将标签的文本设置为右对齐，让文字靠近上输入框。

例 10-19　对齐设置。

```
01    /*10-19.html*/
02    <style type="text/CSS">
03    fieldset {
04        padding: 10px;
05    }
06    label {
07        float: left;
08        width:80px;
09        margin-left: 10px;
10        text-align:right;
11    }
12    </style>
```

设置 CSS 对齐之后的效果如图 10-17 所示。

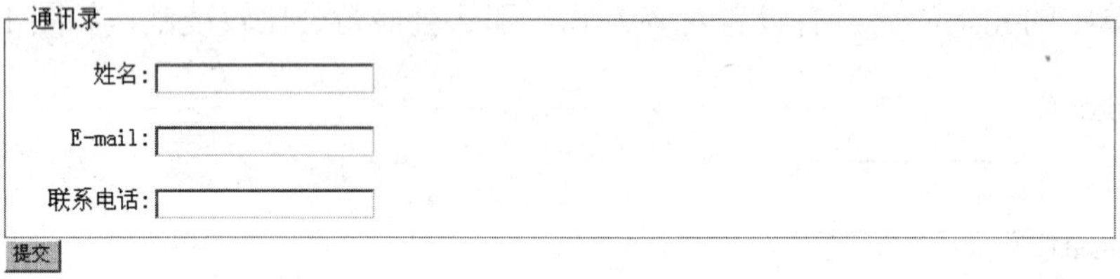

图 10-17　采用 CSS 左对齐的表单

2．标签和输入框分两行显示

在一些情况下，希望提示框和输入框分成两行显示，使页面更清楚，这个时候可以通过 <label>的 display 属性使<label>占据一行的位置。

例 10-20　标签和输入框分两行显示。

```
01    /*10-20.html*/
02    <style type="text/CSS">
03    label {
04        width: 80px;
05        display:block;
06    }
07    fieldset {
08        width:100%;
09        margin:0 0 -10px 0; */
10        padding:0 0 10px 10px;
11    }
12    </style>
```

显示效果如图 10-18 所示。

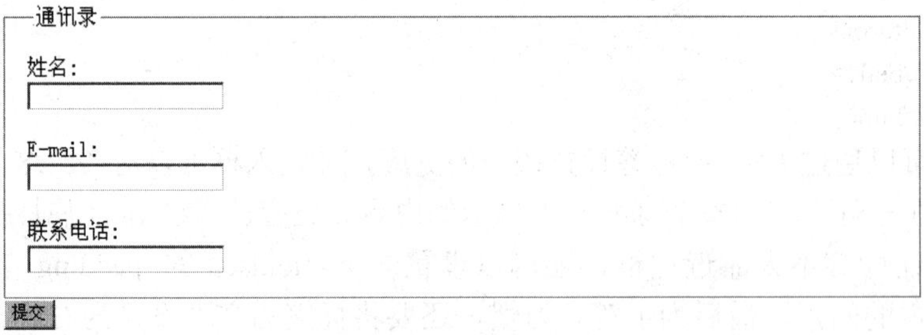

图 10-18　label 和输入框分两行显示的表单

3. 增加排序

在输入项比较多的情况下，可以让每一个输入项前面都一个编号进行排序，这样输入项就非常清楚了。这个时候可以通过<ol>标记来实现。注意这个时候<label>的 float 属性不能再设置成 left，否则会出现文字重叠。

例 10-21　增加排序。

```
01    /*10-21.html*/
02    <html>
03    <title>HTML CSS Form</title>
04    <head>
05    <style type="text/CSS">
06        label {
07         width: 80px;
08        text-align:right;
09        }
10    fieldset {
11        width:100%;
12        margin:0 0 -10px 0; */
13        padding:0 0 10px 10px;
14    }
15    fieldset ol {/*设置有序列表*/
16        padding-top: 0.25em;
17    }
18    </style>
19    </head>
20    <body>
21    <form>
22    <fieldset>
23    <legend>通讯录</legend>
24    <ol>
25    <li><label for="name">姓名：</label> <input id="name" name="name" type="text"/> </li>
26    <li><label for="email">E-mail：</label> <input id="email" name="email" type="text"/> </li>
27    <li><label for="phone">联系电话：</label> <input id="phone" name="phone" type="text"/></li>
28    </ol>
29    </fieldset>
30    <input type="submit" value="提交"/>
31    </form>
32    </body>
33    </html>
```

显示效果如图 10-19 所示。

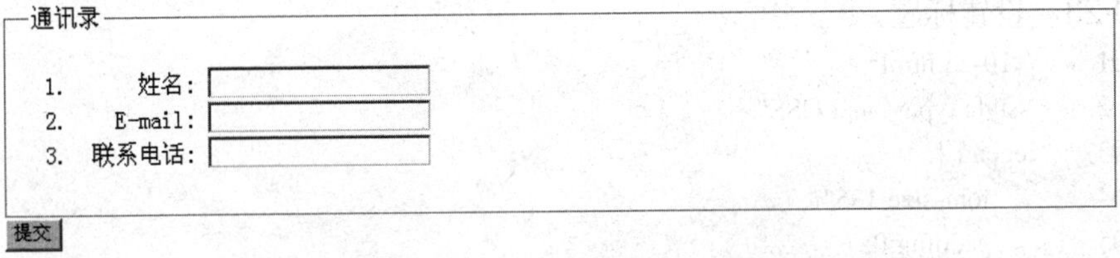

图 10-19　增加编号排序的表单

10.2.3 修饰表单

在给表单布局后，需要对表单的字体、颜色、边距等外观进行设置，使整个表单看起来更友好。

1. 设置<fieldset>

可以对<fieldset>的 padding、background-color 等属性进行设置，使<fieldset>的间隔、背景颜色更合理，使表单域清楚醒目。

例 10-22 设置 fieldset。

```
01    /*10-22.html*/
02    <style type="text/CSS">
03    label {
04        float: left;
05        width: 80px;
06        text-align:right;
07    }
08    fieldset {
09        clear:both;
10        width:100%;
11        margin:0 0 -10px 0; */
12        padding:0 0 10px 10px;
13        border-style:none;
14        border:1px solid #BFBAB0;
15        background-color:#F2EFE9;
16    }
17    </style>
```

显示效果如图 10-20 所示。

图 10-20　设置 fieldset

2. 设置标题

<legend>用来对分组的内容进行描述，所以需要突出显示，字体颜色应该不同于标签，字体可以设置成粗体。

例 10-23 设置标题。

```
01    /*10-23.html*/
02    <style type="text/CSS">
03    legend {
04        font-size:135%;
05        padding:0;
06        color: #6600CC;
07        font-weight:bold;
```

```
08        }
09      </style>
```

显示效果如图 10-21 所示。

图 10-21　设置标题

3. 设置强调信息

许多表单包含必须填写的字段，可以在这些必填字段的旁边用应用了样式的文本来表示这个必须填写的字段。因为这一信息用来起强调作用，适合要求的标记是<em>或<strong>，应用的代码如下：

```
<p><label for="name">姓名:<em class="required">(必填)</em></label> <input id="name"
    name="name" class="text" type="text"/> </p>
```

例 10-24　设置强调信息。

```
01      /*10-24.html*/
02      <style type="text/CSS">
03      .required {
04          font-size:12px;
05          color: #760000;
06      }
07      </style>
```

显示效果如图 10-22 所示。

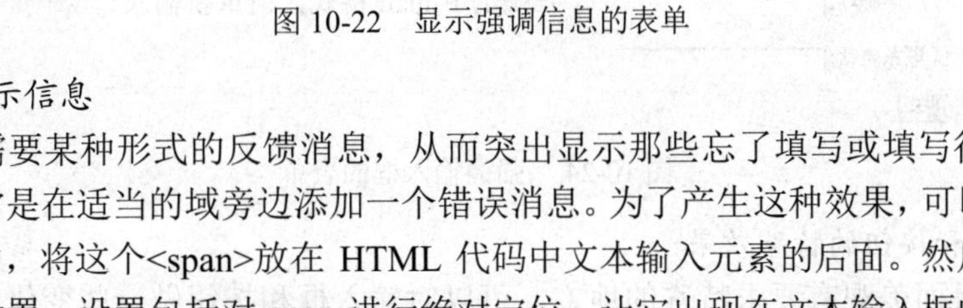

图 10-22　显示强调信息的表单

4. 设置提示信息

表单常常需要某种形式的反馈消息，从而突出显示那些忘了填写或填写得不正确的域。采用的方法常常是在适当的域旁边添加一个错误消息。为了产生这种效果，可以将反馈文本放在一个<span>中，将这个<span>放在 HTML 代码中文本输入元素的后面。然后写一个样式对提示信息进行设置。设置包括对 span 进行绝对定位，让它出现在文本输入框的右边，最后显示设置 span 的宽度等。在实际使用时，可以通过 JavaScript 对这个<span>进行控制，当检查到 E-mail 格式错误时，就显示该提示消息。

例 10-25　设置提示信息。

```
01      /*10-25.html*/
02      <style type="text/CSS">
```

```
03     #feedback{
04          position:absolute;
05          margin-left:130px;
06          font-weight: bold;
07          color: #760000;
08          float:right;
09          width:300px
10     }
11    </style>
```

在 HTML 相关标记中通过 id 这个属性应用样式，代码如下：

<p><label for="email">E-mail: <span id="feedback">不正确的 E-mail 格式，请重新输入！</span>

显示效果如图 10-23 所示。

图 10-23　设置提示信息的表单

5．强调输入框

用户快速地找到要填写的表单域，鼠标放在输入框上方时，背景颜色发生变化，用以提示。可以用伪类 hover 来实现这个效果，但 IE 6 及更低版本只支持<a>标记上的 hover 伪类选择器。

例 10-26　强调输入框。

```
01    /*10-26.html*/
02    input:hover{
03         background: #CC6600;
04    }
```

显示效果如图 10-24 所示。

图 10-24　.强调输入框的表单

6．输入框和按钮的特殊效果

在一些对页面美观有要求特殊的地方，可以对输入框和按钮做一些变化，使整体效果更突出。例如可以使输入框以一个横线的形式显示，按钮也改变外观，加上颜色。在鼠标指向按钮时，鼠标的光标将以手形出现。

例 10-27　输入框和按钮的特殊效果。

```
01    /*10-27.html*/
02    <style type="text/CSS">
```

```
03    input:hover{
04        background: #CC6600;
05    }
06    input.smallInput
07    {
08        background:#ffffff;
09        border-bottom-color:#ff6633;
10        border-bottom-width:2px;
11        border-top-width:0px;
12        border-left-width:0px;
13        border-right-width:0px;
14        color: #000000;
15        height:18px;
16    }
17    input.buttonface{
18        font-family: "Tahoma", "宋体";
19        font-size:9pt; color: #003399;
20        border: 1px #003399 solid;
21        color:#006699;
22        background-color: #e8f4ff;
23        cursor:hand;
24        width:60px;
25        height:22px;
26    }
27    </style>
```

显示效果如图 10-25 所示。

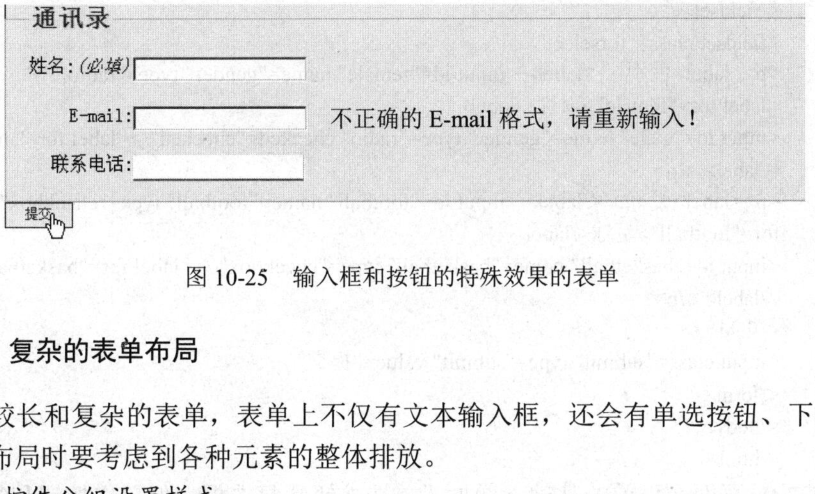

图 10-25　输入框和按钮的特殊效果的表单

10.2.4　复杂的表单布局

对于比较长和复杂的表单，表单上不仅有文本输入框，还会有单选按钮、下拉列表等。这个时候在布局时要考虑到各种元素的整体排放。

1. 表单控件分组设置样式

下面的 HTML 页面中有文本输入框、单选按钮、复选框等多种表单控件。

例 10-28　多个表单控件应用同一样式。

```
01    /*10-28.html*/
02    <html>
03    <title>HTML CSS Form</title>
04    <style type="text/css">
05    label {
06        float:left;
```

```
07          width: 80px;
08      }
09      fieldset {
10          clear:both;
11          width:100%;
12          margin:0 0 -10px 0; */
13          padding:0 0 10px 10px;
14          border-style:none;
15          border:1px solid #BFBAB0;
16          background-color:#F2EFE9;
17      }
18      legend {
19          font-size:135%;
20          padding:0;
21          color: #6600CC;
22          font-weight:bold;
23      }
24      </style>
25      <head>
26      </head>
27      <body>
28      <form>
29      <fieldset>
30      <legend>通讯录</legend>
31      <p><label for="name">姓名：</label> <input id="name" name="name" type="text"/> </p>
32      <p><label for="email">E-mail：</label> <input id="email" name="email" type="text"/> </p>
33      <p><label for="phone">联系电话：</label> <input id="phone" name="phone" type="text"/></p>
34      </fieldset>
35      <fieldset class="forselect">
36      <p><label>性别：</label> <input id="female" name="gender" type="radio" />
36      <label for="female">女性</label>
37      <input id="male" name="gender" type="radio" checked="checked"/><label for="male">男性
38      </label> </p>
39      <p><label>爱好：</label> <input id="football" name="football" type="checkbox" /> <label
40      for="football">足球</label>
41      <input id="basketball" name="basketball" type="checkbox" /><label for="basketball">篮球
42      </label> </p>
43      </fieldset>
44      <input class="submit" type="submit" value="提交"/>
45      </form>
46      </body>
47      </html>
```

　　这个 HTML 页面在以前的基础上增加了单选按钮和复选框，但单选按钮和复选框的摆放和文本输入框不一样，需要多个元素放在一行上，这个时候如果和文本输入框共用一个样式，那么布局就非常凌乱了。显示效果如图 10-26 所示。

　　所以需要把单选按钮和复选框放在另外一个<fieldset>中，为这个<fieldset>中的标签设置单独的样式。首先将 float 设置成 none，以免标签都到左边。单选按钮和复选框的标签宽度也应该适当小于文本输入框。最后为了避免标签的文字离选择框过远,要设置 text-align 为 left。

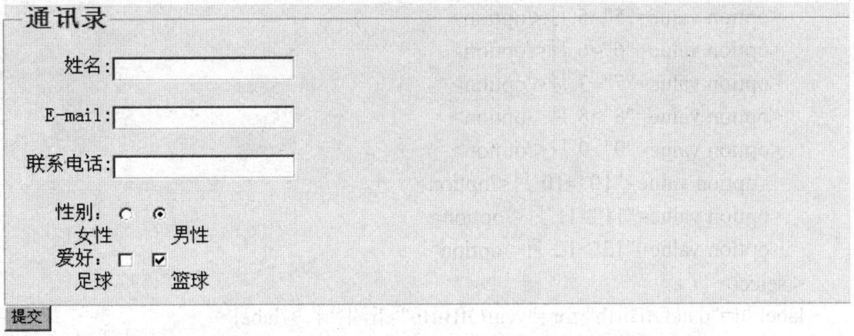

图 10-26　多个控件应用同一样式的表单

例 10-29　表单控件分组设置样式。
```
01    /*10-29.html*/
02    .forselect label{
03        float:none;
04        width:5em;
05    }
```
为了将单选按钮和复选框放入到一个\<fieldset\>中，设置这个\<fieldset\>的 class 为 forselect：
\<fieldset class="forselect"\>。这个\<fieldset\>中的\<label\>就能应用这个样式了。显示效果如图
10-27 所示。

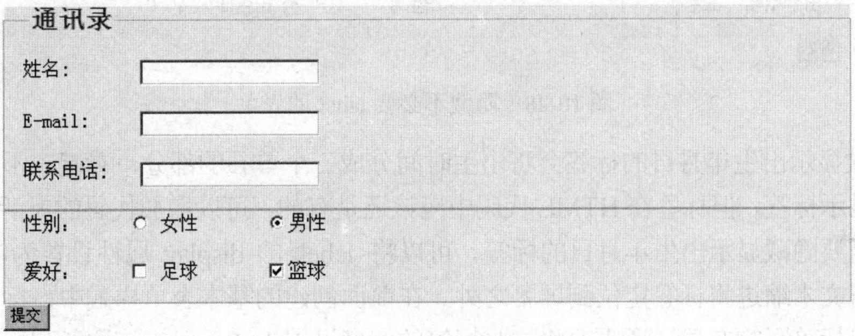

图 10-27　多个控件应用不同一样式的表单

2. 隐藏部分标签

标签对于表单的可访问性很重要，但是有时候不希望为每个元素都显示标签。可以看下
面的一个例子。先在上面的例子中增加一个输入日期信息的表单元素。增加的部分 HTML 代
码如下，在代码中使用了和单选按钮一样的样式设置。

例 10-30　没有隐藏标签的样式。
```
01    /*10-30.html*/
02    <fieldset class="forselect">
03    <label>出生时间：</label>
04    <label for="yearOfBirth">出生年</label>
05    <input name="yearOfBirth" id="yearOfBirth" type="text"/>
06    <label for="monthOfBirth">出生月</label>
07    <select name="monthOfBirth" id="monthOfBirth">
08        <option value="1">1 月</option>
09        <option value="2">2 月</option>
10        <option value="3">3 月</option>
11        <option value="4">4 月</option>
```

```
12          <option value="5">5 月</option>
13          <option value="6">6 月</option>
14          <option value="7">7 月</option>
15          <option value="8">8 月</option>
16          <option value="9">9 月</option>
17           <option value="10">10 月</option>
18          <option value="11">11 月</option>
19          <option value="12">12 月</option>
20       </select>
21    <label id="dateOfBirth" for="yearOfBirth">出生日 </label>
22    <input name="dateOfBirth" id="dateOfBirth" type="text"/>
23       </fieldset>
```

显示效果如图 10-28 所示。

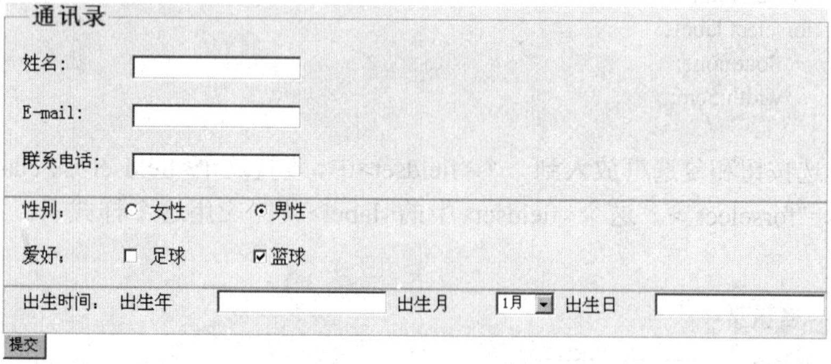

图 10-28   隐藏不必要 label 的表单

这个时候显示出生年月日的标签会将出生时间分成三个单独的部分，看起来不像一个整体。所以希望不显示标签，但标签在 HTML 代码中应该还是有的，可以增加代码的灵活性。为了创建这个布局，需要隐藏显示出生年月日的标签。可以将<label>的 display 属性设置为 none，也可以使用大的负值文本缩进将标签定位到屏幕之外。在前面创建的基本表单样式中，标签已经设置宽度，为了防止标签影响布局，还需要将这些标签的宽度设置为 0。但应该注意到用来提示出生时间的标签应该能显示，而其他的标签不显示。所以用到了子选择器，然后将用来提示出生时间的标签放在一个<span>中，就不会受到影响了。下面单独为这个标签写一个样式。

```
01    .forlist>label{
02        text-indent: -1000em;
03        width: 0;
04    }
```

然后还可以为这个<fieldset>中的各个表单控件设置尺寸，并且用空白边控制它们的水平间距。

```
01    .forlist input{
02        width: 3em;
03        margin-right: 0.5em;
04    }
05    .forlist select{
06        width: 5em;
07        margin-right: 0.5em;
08    }
```

在 HTML 部分需要将显示出生时间的标签单独放在一个<span>标记中，避免也应用了子选择器的样式。

```
01    <fieldset class="forlist">
02    <span><label>出生时间：</label></span>
```

修改之后的形成 10-31.html，显示如图 10-29 所示。

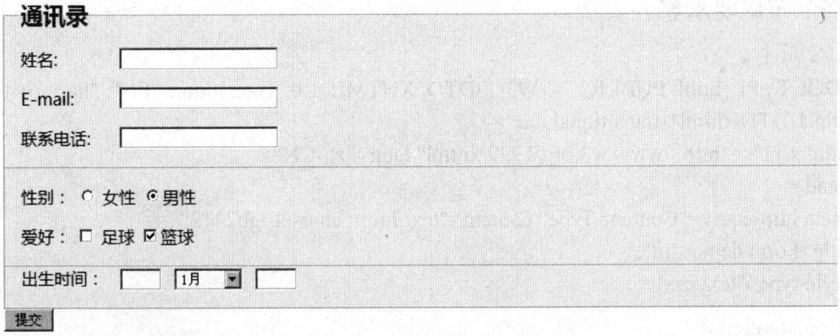

图 10-29　隐藏了不必要标签的表单

10.3　综合实例

请用本章所学的知识完成如图 10-30 所示的表单设计。

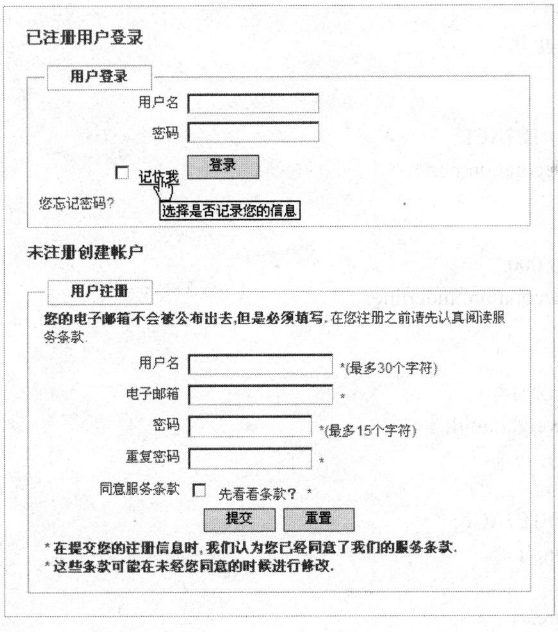

图 10-30　综合实例

表单设计的要求如下：

（1）将整个表单放在一个 div 内，居中对齐。

（2）将用户登录和用户注册两个部分分别放在 fieldset 内，标题分别为"用户登录"和"用户注册"，fieldset 要居中对齐。

（3）整个 body 内的内容设置统一的字体颜色和字体大小。

（4）正常状态下链接的颜色是浅蓝色，当鼠标放在链接上时，链接的颜色变为黑色，鼠标的形状变为手形。

（5）在需要提示的输入框后面要求有提示信息。

（6）对按钮添加样式设置，使其更美观。

（7）整个布局要求整齐美观。.

参考代码如下：

```
<!DOCTYPE html PUBLIC "-//W3C//DTD XHTML 1.0 Transitional//EN" "http://www.w3.org/ TR/
xhtml1/DTD/xhtml1-transitional.dtd">
<html xmlns="http://www.w3.org/1999/xhtml" lang="zh-CN">
<head>
<meta http-equiv="Content-Type" content="text/html; charset=gb2312" />
<title>Form demo</title>
<style type="text/css">
<!--
body {
        font-family: Arial, Helvetica, sans-serif;
        font-size:12px;
        color:#666666;
        background:#fff;
        text-align:center;
}
* {
        margin:0;
        padding:0;
}
a {
        color:#1E7ACE;
        text-decoration:none;
}
a:hover {
        color:#000;
        text-decoration:underline;
}
h3 {
        font-size:14px;
        font-weight:bold;
}
pre,p {
        color:#1E7ACE;
        margin:4px;
}
input, select,textarea {
        padding:1px;
        margin:2px;
        font-size:11px;
}
.buttom{
        padding:1px 10px;
        font-size:12px;
        border:1px #1E7ACE solid;
```

```
           background:#D0F0FF;
}
#formwrapper {
           width:450px;
           margin:15px auto;
           padding:20px;
           text-align:left;
           border:1px solid #A4CDF2;
}
fieldset {
           padding:10px;
           margin-top:5px;
           border:1px solid #A4CDF2;
           background:#fff;
}
fieldset legend {
           color:#1E7ACE;
           font-weight:bold;
           padding:3px 20px 3px 20px;
           border:1px solid #A4CDF2;
           background:#fff;
}
fieldset label {
           float:left;
           width:120px;
           text-align:right;
           padding:4px;
           margin:1px;
}
fieldset div {
           clear:left;
           margin-bottom:2px;
}
.enter{
           text-align:center;
}
.clear {
           clear:both;
}
-->
</style>
</head>
<body>
<div id="formwrapper">
<h3>已注册用户登录</h3>
<form action="" method="post" name="apLogin" id="apLogin">
    <fieldset>
    <legend>用户登录</legend>
    <div>
       <label for="Name">用户名</label>
       <input type="text" name="Name" id="Name" size="18" maxlength="30" />
       <br/>
```

```
    </div>
    <div>
      <label for="password">密码</label>
      <input type="password" name="password" id="password" size="18" maxlength="30" />
      <br/>
    </div>
    <div class="cookiechk">
      <label>
      <input type="checkbox" name="CookieYN" id="CookieYN" value="1" />
      <a href="#" title="选择是否记录您的信息">记住我</a></label>
      <input name="login791" type="submit" class="buttom" value="登录" />
    </div>
    <div class="forgotpass"><a href="#">您忘记密码?</a></div>
    </fieldset>
  </form>
  <br/>
  <h3>未注册创建账户</h3>
  <form action="" method="post" name="apForm" id="apForm">
    <fieldset>
    <legend>用户注册</legend>
    <p><strong>您的电子邮箱不会被公布出去,但是必须填写.</strong> 在您注册之前请先认真阅
读服务条款.</p>
    <div>
      <label for="Name">用户名</label>
      <input type="text" name="Name" id="Name" value="" size="20" maxlength="30" />
      *（最多 30 个字符）<br/>
    </div>
    <div>
      <label for="Email">电子邮箱</label>
      <input type="text" name="Email" id="Email" value="" size="20" maxlength="150" />
      *<br/>
    </div>
    <div>
      <label for="password">密码</label>
      <input type="password" name="password" id="password" size="18" maxlength="15" />
      *（最多 15 个字符）<br/>
    </div>
    <div>
      <label for="confirm_password">重复密码</label>
      <input    type="password"    name="confirm_password"    id="confirm_password"    size="18"
maxlength="15" />
      *<br/>
    </div>
    <div>
      <label for="AgreeToTerms">同意服务条款</label>
      <input type="checkbox" name="AgreeToTerms" id="AgreeToTerms" value="1" />
      <a href="#" title="您是否同意服务条款">先看看条款？</a> * </div>
    <div class="enter">
      <input name="create791" type="submit" class="buttom" value="提交" />
      <input name="Submit" type="reset" class="buttom" value="重置" />
    </div>
    <p><strong>* 在提交您的注册信息时，认为您已经同意了服务条款.<br/>
```

```
                   * 这些条款可能在未经您同意的时候进行修改.</strong></p>
              </fieldset>
          </form>
      </div>
  </body>
</html>
```

本章小结

　　HTML 中表格主要用来显示数据, HTML 标记在表格制作方面做得很出色, 但是结合 CSS 可以达到更好的效果。表格元素包括: 表格、锚、数据行、数据列和单元格等。表格中常用的属性有边框宽度、边框颜色、边框样式和填充间距等, 这些属性用来设置边框的宽度、颜色、样式、填充间距等特性。宽度和高度属性用来设定表格的宽度和高度。还有一个比较重要的属性是 border-collapse, 用来设置表格的行和单元格的边是合并在一起还是按照标准的 HTML 样式分开。

　　当在 HTML 页面上浏览表格数据时, 表格的行和列之间要格式清晰, 表格内的文字应该按一定的格式对齐; 同时为了更好地区分多行数据, 应使用多种边框形式或背景颜色; 表格标题应当与表格内容明显相关, 并要与页面上的其他文本有显著的差别。可以通过 CSS 对表格的相关属性进行设置, 美化表格的表现形式, 得到样式漂亮的数据表格。

　　表单用于输入信息, 可以通过 CSS 来设计表单, 使表达功能更复杂, 表现更清晰。常用的表单标记有<form>、<input>、<fieldset>、<legend>、<label>。对表单进行布局时考虑到各种元素的整体排放非常重要, 要使整个表单显得清晰、直观。

　　常有的表单布局方式有格式对齐、label 和输入框分行显示、给表单里的元素增加排序、表单控件设置分组和隐藏不必要的 label 表单等。在给表单布局后, 需要对表单的字体、颜色、边距等外观进行设置, 使整个表单看起来更友好。常用的美化方式有: 设置标题、强调信息和提示信息, 为了得到更好的表现效果还可以对输入框和按钮设置一下特殊的显示效果。

习题十

一、选择题

1. 下列（　　）属性能够设置表格的右边框宽度。
   A．border-right- style: <值>　　　　　B．border- right -width: <值>
   C．margin- right: <值>　　　　　　　　D．ext-indent: <值>

2. 下列（　　）CSS 属性能够设置表格的填充间距为 10、20、30、40（上、下、左、右）。
   A．padding:10px 20px 30px 40px　　　B．padding:10px 30px 20px 40px
   C．padding:5px 20px 10px　　　　　　 D．padding:10px

3. 在 CSS 语言中下列（　　）设置左边框的语法。
   A．border-left-width: <值>　　　　　B．border-top-width: <值>
   C．border-left: <值>　　　　　　　　D．border-top-width: <值>

二、问答题

1．如何取消单元格的间隙？
2．如何实现表格行的颜色交替？

1．请设计完成如图 10-31 所示的表格。

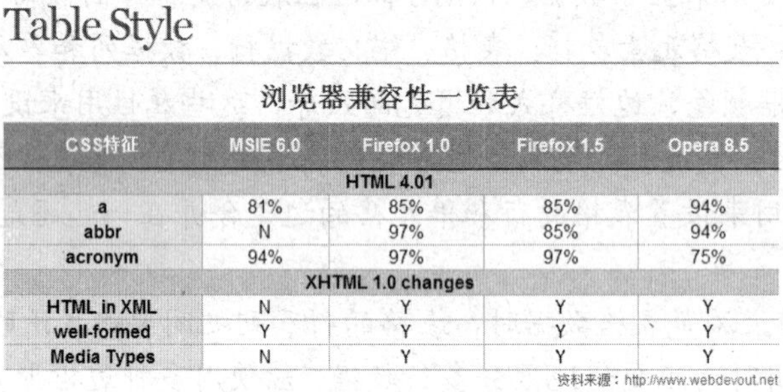

Table Style

浏览器兼容性一览表

CSS特征	MSIE 6.0	Firefox 1.0	Firefox 1.5	Opera 8.5
HTML 4.01				
a	81%	85%	85%	94%
abbr	N	97%	85%	94%
acronym	94%	97%	97%	75%
XHTML 1.0 changes				
HTML in XML	N	Y	Y	Y
well-formed	Y	Y	Y	Y
Media Types	N	Y	Y	Y

资料来源: http://www.webdevout.net

图 10-31　实训表格

技术要点：
（1）新建一个外部样式表，并且要在 HTML 文件中引入。
（2）主要涉及对 font 属性的设置。

2．请设计完成如图 10-32 所示的表单。

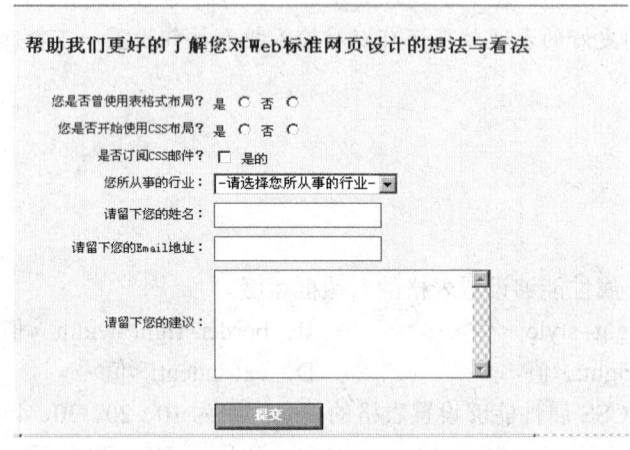

图 10-32　实训表单

技术要点：
（1）新建一个外部样式表，并且要在 HTML 文件中引入。
（2）主要涉及对 font 属性的设置。

第 11 章　使用 CSS 样式完成网页布局

本章首先对 CSS 网页布局做了一下介绍，重点讲解了盒模型，然后介绍 CSS 如何进行网页布局，包括多种方式实现的网页居中对齐、基于 float 的两列和多列布局、动态布局、弹性布局、动态－弹性混合布局、伪列布局。

- CSS 盒模型
- CSS 实现网页居中对齐
- 基于 float 的两列和多列布局
- 复杂布局

11.1　CSS 网页布局介绍

CSS 能够控制页面布局而不需要使用表现性标记，所有 CSS 布局技术都应建立在这 4 个最基本的概念之上：盒模型、流动、浮动和定位。不同的技术其实没有本质的差异，而且如果理解了这些概念，那么创建自己的布局是很容易的。

11.1.1　CSS 网页布局的意义

用 CSS 进行网页布局使网站的信息更丰富、网页表现更美观，意义体现在如下方面：

（1）使页面载入得更快。由于将大部分页面布局代码写在了 CSS 中，使得页面体积变得更小。CSS 将页面独立成很多的区域，在打开页面的时候逐层加载，浏览速度变快。而不像表格嵌套那样将整个页面圈在一个大表格里，使得加载速度很慢。

（2）修改设计时更有效率。CSS 的最大特点是让网页设计者在设计网页时可以将网页内容（content）与显示格式（format）分开编写，亦即内容与表现分离。比如在传统的基于表格的页面布局中，将"站点浏览"这个内容从页面左侧移到页面右侧需要大量重复的工作。但是，如果使用ＣＳＳ的定位属性来设计页面，只需要更改外部样式表中的"浮动"或"位置"属性，即可更新页面，修改设计时更有效率。

（3）保持一致性。以往表格嵌套的制作方法会使得页面与页面或者区域与区域之间的显示效果有偏差。而使用 CSS 的制作方法，将所有页面或所有区域统一用 CSS 文件控制，使网页的表现非常统一，容易修改，避免了不同区域或不同页面出现的效果偏差。

（4）对浏览者和浏览器更具亲和力。由于 CSS 富含丰富的样式，使页面布局更加灵活，它可以根据不同的浏览器而达到显示效果统一，对浏览者和浏览器更具亲和力。

虽然 CSS 网页布局有很多优点，但 CSS 网页布局也有一些副作用：

（1）CSS 布局要比表格定位复杂得多，在网站设计时很容易出现问题。

（2）CSS 网站制作的设计元素通常放在一个或几个外部文件中，有可能相当复杂，如果 CSS 文件调用出现异常，那么整个网站结构将会破坏。

（3）CSS 解决了大部分浏览器兼容问题，但是也有些样式在部分浏览器中使用时会出现异常。到目前为止，CSS 还没有实现所有浏览器的统一兼容。

用 CSS 进行网页布局有很多优点，但也有一些缺点，如何更有效、更合理地使用 CSS 进行布局需要很长时间的学习和锻炼，需要通过不断的实践和体检，积累丰富的设计经验。

11.1.2　CSS 盒模型

W3C 组织建议把所有网页上的对象都放在一个盒（box）中，可以通过创建定义来控制这个盒的属性。盒模型主要定义四个区域：内容（content）、填充（padding）、边界（border）和边距（margin）。margin、padding、content、border 之间的层次相互影响。盒模型的示意图如图 11-1 所示。

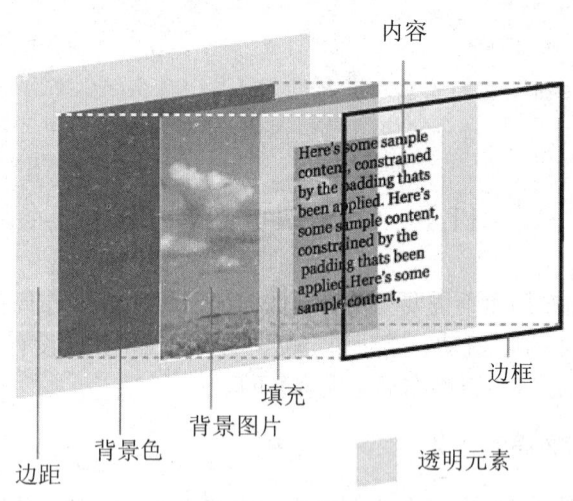

图 11-1　盒模型的示意图

这些属性可以把它联想到日常生活中的盒子上来理解，日常生活中所见的盒子也具有这些属性，所以叫它盒模式。那么内容（content）就是盒子里装的东西，而填充（padding）就是怕盒子里装的东西损坏而添加的泡沫或者其他抗震的辅料，边框（border）就是盒子本身，至于边界（margin）则说明盒子摆放的时候不能全部堆在一起，要留一定空隙方便取出。在网页设计上，内容常指文字、图片等元素，但是也可以是小盒子（div 嵌套），与现实生活中的盒子不同的是，现实生活中的东西一般不能大于盒子，否则盒子会被撑坏的，而 CSS 盒子具有弹性，里面的东西如果大过盒子本身，最多把盒子撑大，但盒子不会损坏。填充和边界只有宽度属性，可以理解为生活中盒子里的抗震材料的厚度，而边框有大小和颜色之分，可以对每一条边框定义不同的样式，又可以理解为生活中所见盒子的厚度以及这个盒子是用什么颜色材料做成的，边界就是该盒子与其他东西要保留多大距离。

width 和 height 定义的是 content 部分的宽度和高度而不是整个盒子的高度，padding、border、margin 的宽度依次加在外面。背景会填充 padding 和 content 部分。由于浏览器设计上的问题，不同的浏览器显示效果会有些不同。

　　通过盒子模型，可以为内容设置边界、填充以及边距，盒子模型最典型的应用是这样的：有一段内容，可以为这段内容设置一个边框，为了让内容不至于紧挨着边框，可以设置 padding，为了让这个盒子不至于和别的盒子靠得太紧，可以设置 margin。平面盒模式如图 11-2 所示。

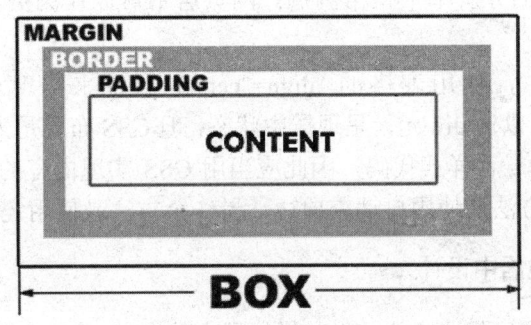

图 11-2　平面盒模式

　　在深入学习 CSS 布局之前，必须透彻理解什么是盒模型，关于盒模型有几个地方需要强调一下：

　　（1）margin 总是透明的，padding 也是透明的，但 padding 受背景影响，能够显示背景色或背景图像。

　　（2）border 是不透明的，这是因为实线边框的遮盖。当定义虚线或点线边框时，在部分浏览器中可以看到被边框遮盖的背景。盒模型背景可以深入到 padding 和 border 区域，但部分浏览器不支持 border 区域背景显示，如 IE 和 Netscape 浏览器。

　　（3）margin 可以定义负值，但 border 和 padding 不支持负值。

　　（4）margin、border 和 padding 都是可选的，它们的默认值为 0。可以单独定义一边或统一定义盒子四边的属性值。

　　（5）如果需要，每一条可见边框都可以定义不同的宽度，但前提是要定义 border-style 属性为可见样式。

　　（6）每一个盒子所占页面区域的宽度和高度等于 margin 外沿的宽度和高度。盒子的大小并不总是内容区域的大小。

　　（7）浏览器窗口是所有元素的根元素，也就是说 HTML 是最大的盒子，也有浏览器把 body 看做最大的盒子。

11.1.3　CSS 网页布局的基本思路

　　用 CSS 进行网页布局时，主要考虑的是页面内容的语义和结构，因为一个用 CSS 控制的网页，在做好网页后，还可以轻松地调整网页风格。用 CSS 进行布局的一个目的是让代码易读、区块分明、强化代码重用，所以结构很重要。用 CSS 进行布局时可以定制几种风格的 CSS 文件供选择，又或者写一个程序实现动态调用，让网站具有动态改变风格的功能。

　　在开始布局实践之前，要认识到 CSS 布局的特色是结构和表现相分离。在结构与表现分离后，代码才简洁，更新才方便，这正是使用 CSS 进行网页布局的目的所在。

11.2　网页居中

用 CSS 进行网页布局的设计人员都会面临一个问题，网页如何才能很好地自适应显示器屏幕居中。现在宽屏显示器越来越受到欢迎，所以对网页设计来说，面临的问题是做出来的网页要能够在所有的分辨率下正常浏览。网页居中可以让浏览者在视觉上得到一个较好的体验。

在传统表格布局中，使用表格的 align="center"属性来实现。div 元素本身也支持 align="center"属性，也可以让 div 元素呈现居中状态，但 CSS 布局是为了实现表现和内容的分离，而 align 对齐属性是一种样式代码，因此应当用 CSS 实现内容的居中。用 CSS 进行居中有两个基本方法：一个方法是使用自动空白边，另一个方法是使用定位和负值空白边。

11.2.1　自动空白边居中设计

以固定宽度的一列布局代码为例，为其增加居中的 CSS 样式，主要是要对 margin 属性进行设置：

　　　　margin:0px auto;

margin 属性用于控制对象的上、右、下、左 4 个方向的外边距，当 margin 使用两个参数时，第一个参数表示上下边距，第二个参数表示左右边距。除了直接使用数值之外，margin 还支持一个值叫 auto，auto 值是让浏览器自动判断边距，给当前 div 的左右边距设置为 auto，浏览器就会将 div 的左右边距设为相当，并呈现为居中状态，从而实现了居中的效果。在例 11-1 中，是以像素为单位指定容器 div 的宽度。也可以将宽度设置为百分数，或者使用 em 相对文本字号设置宽度。为了达到表单中的元素的对齐效果，对 label 也进行了设置。

例 11-1　自动空白边居中。

```
01    <!--11-1.html-->
02    <style type="text/CSS">
03    #container {
04        border: 2px solid #CC99FF;
05        background-color: #FFFF99;
06        width: 400px;
07        margin:0px auto;
08    }
09     label {
10        float: left;
11        width: 6em;
12    }
13    </style>
```

将上一章的表单放入到 id 为 container 的 div 中，显示效果如图 11-3 所示。

可是 IE 5 和 IE 6 中不支持这种写法。但 IE 将 text-align:center 理解为让所有东西居中，而不只是文本。可以利用这一点，让<body>标记中的所有元素居中，包括容器 div，然后将对容器样式进行设置，让容器里面的内容重新左对齐。下面的代码也可以实现 CSS 网页的居中效果。

```
01    body{
02        text-align:center;
03    }
```

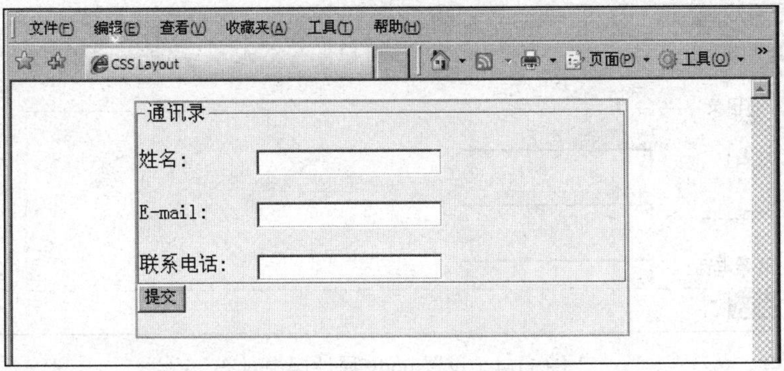

图 11-3　自动空白边居中示例

但这时 body 的所有子元素都会被居中显示，因此需要写相应的规则，让其中一些标记再回到默认的居左对齐。可以将网页中最外面的一个 div 样式设置成 container 样式，container 样式中设置左对齐，如下所示：

```
01    # container{
02        text-align: left;
03    }
```

然后网页中的代码都放到 id 为 container 的 div 中，这样容器就可以实现居中对齐了，而容器里的内容是左对齐。

在某些浏览器中，当浏览器窗口的宽度缩小到小于容器的宽度时，容器的左边会跑到屏幕的外边，无法访问它。为了让这种方法在所有浏览器中都能够顺利地工作，需要将 body 元素的最小宽度设置为等于或略大于容器元素的宽度，这将窗口的宽度减小到小于容器 div 的宽度，就会出现滚动条，能够访问所有的内容。

例 11-2　设置 body 使居中对齐。

```
01    <!--11-2.html-->
02    <style type="text/CSS">
03    body {
04        text-align: center;
05        min-width: 400px;
06    }
07    # container{
08        width: 400px;
09        margin: 0 auto;
10        text-align: left;
11    }
12    label {
13        float: left;
14        width: 6em;
15        clear:left;
16    }
17    form{
18        text-align:left;
19    }
20    </style>
```

显示效果如图 11-4 所示。

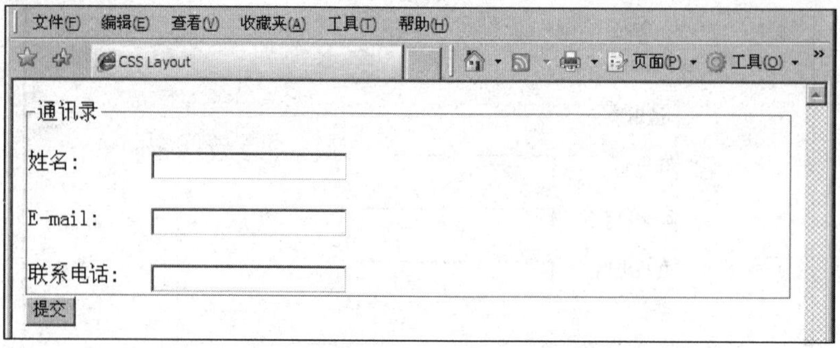

图 11-4   设置 body 属性居中对齐

11.2.2   定位居中设计

使用自动空白边进行居中的方法是最常用的，但也可以使用定位和负值空白边来实现居中对齐的效果。

首先定义容器的宽度，为了演示方便在这里设置的是 400px，但对于分辨率是 800×600 的显示器来说，固定宽度 760px 是一个比较合适的尺寸，如果分辨率是 1024×768 可以设置宽度为 950px。

然后将容器的 position 属性设置为 absolute，将 left 属性设置为 50%。这会把容器的左边缘定位在页面的中间，但需要的是让容器居中。所以需要对容器的左边应用一个负值的空白边，宽度等于容器宽度的一半，这会把容器向左边移动它的宽度的一半，从而让它在页面上居中。

例 11-3   定位居中设计。

```
01      <!--11-3.html-->
02      #container {
03          background: #ffc
04          position: absolute;
05          left: 50%;
06          width: 400px;
07          margin-left: -200px;
08      }
```

显示效果如图 11-5 所示。

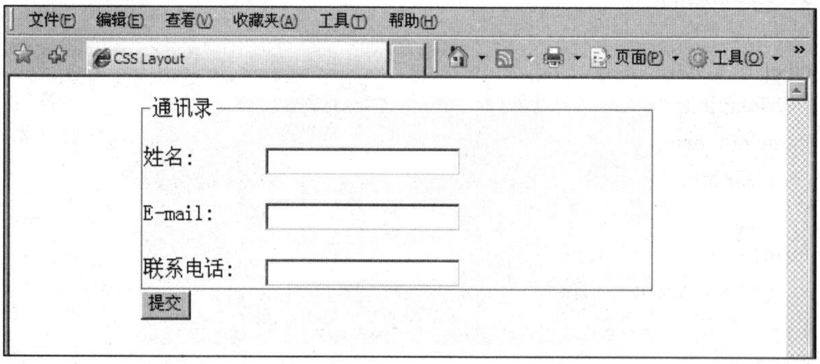

图 11-5   定位居中设计示例

11.3　基于 float 的网页布局

基于 float 的网页布局是设定希望定位的元素的宽度，然后将它们向左或向右浮动。因为浮动的元素不再占据文档流中的空间，就不再对包围它们的边框产生影响了，因此需要对布局中各个点上的浮动元素进行清理。

11.3.1　两列布局

1．float 介绍

在进行页面布局中最重要的一个属性是 float。关于 float 前面已经使用过，下面详细讲解一下。

语法：

　　　float : none | left | right

取值：

- none：默认值，对象不飘浮。
- left：文本流向对象的右边。
- right：文本流向对象的左边。

说明：该属性的值指出了对象是否及如何浮动。跟随浮动对象的对象将移动到浮动对象的位置。对象将被视为块对象（block-leve），即 display 属性等于 block。也就是说，浮动对象的 display 属性将被忽略。浮动对象会向左或向右移动直到遇到边框（border）、填充（padding）、边界（margin）或者另一个块对象（bock-level）为止。

例如：

　　　div { float: right }

所以要设置两个并列的容器，只需要给这两个容器设置 float 属性即可，左边的容器设置 float:left，右边的容器设置 float:right。特别需要的注意的是，两个并列容器的总宽度不能超过父容器，否则可能显示的不是并列的，而是有一个容器会显示到某一个的下方去。

2．两列布局

要想使用 float 创建两列布局，首先需要有一个基本的框架。在下面的示例中，HTML 页面由头部区域、主页面区域和页脚组成。其中主页面区域分成左右两列，左列用作导航页面，右列用作显示页面。主页面区域就是用 float 实现的两列布局。整个设计放置在一个 div 中，这个 div 使用前面介绍的方法进行水平居中。框架如下：

```
01      <div id="container">
02          <div id="header">header</div>
03          <div id="main">
04              <div id="left"><p>left</p></div>
05              <div id="right"><p>right</p></div>
06          </div>
07          <div id="footer">footer</div>
08      </div>
```

上面就是要用 CSS 的 float 属性制作成分栏布局的标记源代码，使用<div>标记把页面元素分成几个逻辑段落，每个都设定了唯一的 id，每个逻辑块的说明如表 11-1 所示。

表 11-1　逻辑块说明

逻辑块名字	意义
#container	整体块，所有内容都置于其中
#header	包含标题图片、导航栏等
#main	主体块，包含两个子块
# left	是主体块的子块，包含额外的内容链接与相关信息
# right	是主体块的子块，包含主要的文字内容，也是页面的重点所在
#footer	包含版权信息、作者、辅助链接等

对应的结构如图 11-6 所示。

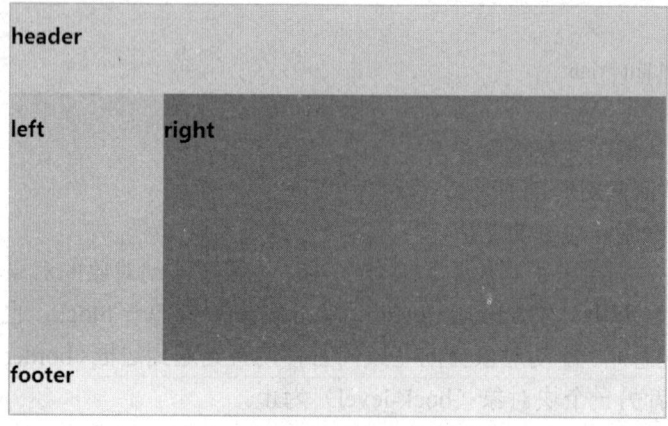

图 11-6　两列布局的结构图

在创建基于 float 的布局时，可以将主体块 main 中的两列都向左浮动，然后使用空白边或填充在两列之间创建一个间隔。但使用这种方法，两列相距得很近，在 IE 浏览器下会使一列移动到另一列的下面，因为 IE 考虑元素内容的尺寸，而不是元素本身的尺寸。在 IE 中如果元素的内容太大，整个元素就会扩展。如果一个容器中有两个元素距离很近，没有足够的空间让元素并排出现，浮动元素就会移动到下面去。

为了防止发生这种情况，应避免浮动元素之间间距太小。这个时候可以将一个元素向左浮动，另一个元素向右浮动，中间留下实际的间隔。如果一个元素的尺寸增加了几个像素，将会扩展到实际的间隔中，那么就不会立刻占满水平空间了。

实现两列布局时，首先要为主页面中的每个列设置相应的宽度和高度，然后将导航列向左浮动，将显示列向右浮动：

```
01    # right{
02        float:right;
03        width: 580px;
04        height: 280px;}
05    #left {
06        float: left;
07        width: 180px;
08        height: 280px;
09    }
```

为了确保页脚正确地定位在这两个浮动元素的下面，而不受两栏的长度变动影响，页尾要避开任何先前出现的 float 内容，所以需要清理页脚：

```
01    #footer {
02        clear: both;
03    }
```

除此之外，为了让布局更加清晰，还需要有一些空白空间设置。由于左边导航列中的内容会接触到容器的边缘，需要有填充空间。垂直方向的填充在右边列中设置：

```
01    #left {
02        padding-top:20px;
03        padding-bottom:20px;
04    }
```

水平方向上的填充放到右边列里的元素上设置，比如在左边列里有<a>标记，则对左边列里的<a>标记进行设置：

```
01    # left a {
02        padding-left: 20px;
03        padding-right: 20px;
04    }
```

右边的显示列也需要做同样的处理。

```
01    # right {
02        padding-top:20px;
03        padding-bottom:20px;
04    }
05    # right h3, # right p{
06        padding-left: 20px;
07        padding-right: 20px;
08    }
```

对于头部和尾部区域里的内容也需要留出一些空间，同时还需要居中对齐。

```
01    #header {
02        padding-top: 20px;
03        padding-bottom: 20px;
04        text-align:center;
05    }
06    #header {
07        padding-top: 20px;
08        padding-bottom: 20px;
09        text-align:center;
10    }
```

现在布局基本完成了，可以继续为现在的 CSS 声明加上更多边界、背景、边框和其他元素的设置，这样可以使整个 HTML 页面更美观。

例 11-4 基于 float 的两列布局。

```
01    <!--11-4.html-->
02    <style type="text/css">
03    body {
04        font-size:   16px;
05    }
06    #container{
07        border: 2px solid #CC99FF;
08        background-color: #FFFF99;
```

```
09        width: 760px;
10          margin:0px auto;
11      }
12    #header {
13          padding-top: 20px;
14          padding-bottom: 20px;
15          width: 760px;
16          background: #66FFFF;
17          height: 60px;
18          text-align:center;
19          font-size:24px;
20          font-weight:bold;
21    }
22    #main {
23          float: left;
24          padding: 0px;
25          width: 760px;
26          background: #FFFF99;
27    }
28    #right {
29          float:right;
30          background:#6666FF;
31          width: 580px;
32          height: 280px;
33          padding-top:20px;
34          color: #FFFFFF;
35    }
36    #left {
37          float: left;
38          background: #FF99FF;
39          width: 180px;
40          height: 280px;
41          padding-top:20px;
42          color: #6600CC;
43    }
44    #left a{
45          padding-left:20px;
46          padding-right:20px;
47    }
48    #right h3,#right p{
49          padding-left:20px;
50          padding-right:20px;
51    }
52    #footer {
53          clear:both;
54          margin-right: auto;
55          margin-left: auto;
56          width: 760px;
57          background: #CCFFCC;
58          height: 60px;
59    }
60    </style>
```

两列布局的效果如图 11-7 所示。

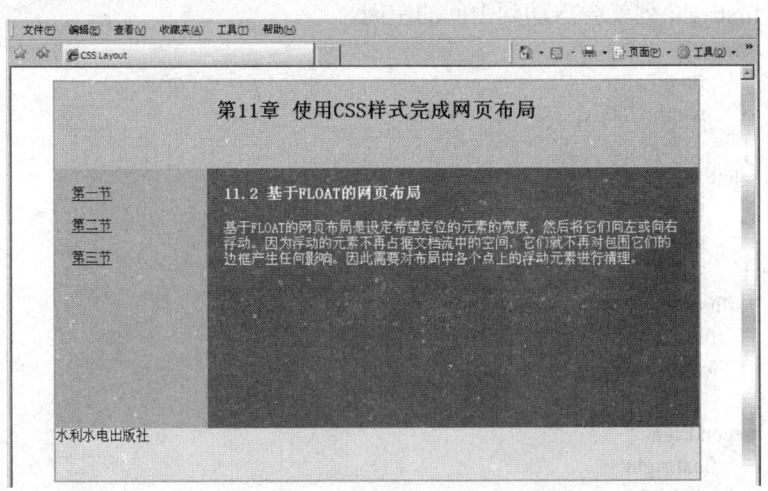

图 11-7　基于 float 的两列布局

11.3.2　多列布局

因为 float 属性只有三个值：none、left、right，也就是只能向左边或右边浮动。如果需要并列多个容器，则不容易直接解决问题。有一些方法可以实现多列布局的效果。

下面以三列布局为例讲解多列布局，更多列布局的思想和三列是一样的。三列结构如图 11-8 所示。

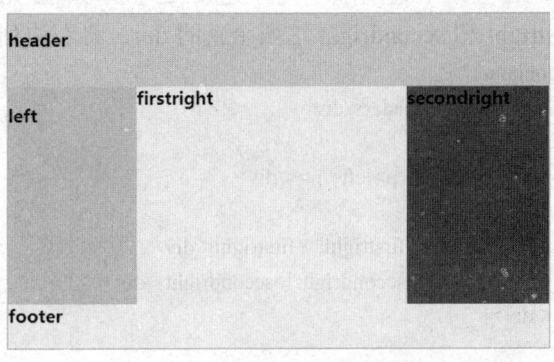

图 11-8　三列布局的结构图

一种方法是在设置两列布局时，左右两列的宽度之和不占满整个父容器，然后再放入第三列，会浮动到空余的空间，就是中间位置，这样就可以实现三列布局了。框架如下：

```
01    <div id="container">
02        <div id="header">header</div>
03        <div id="main">
04            <div id="left"><p>left</p></div>
05            <div id=" firstright "><p>right</p></div>
06            <div id=" secondright "><p>right</p></div>
07        </div>
08        <div id="footer">footer</div>
09    </div>
```

为 main 块中的每个列设置相应的宽度和高度，然后 left 列向左浮动，将 secondright 列向右浮动，那么 firstright 列就会浮动到中间的空间。

```
01    #main {
02        float: left;
03        width: 760px;
04    }
05    #left {
06        float: left;
07        width: 180px;
08    }
09    #firstright {
10        float:left;
11        width: 380px;
12    }
13    #secondright {
14        float:right;
15        width:200px;
16    }
```

特别要注意一下 width 的设置，应该满足：

main 列的宽度>=left 列的宽度+ firstright 列的宽度+ secondright 列的宽度

在实际应用中，一般是在列与列之间留有间距，计算的时候要把间距的宽度也算上。

下面重点讲解三列布局的另外一种实现方法。这种方法借鉴 table 一样的思路，可以先设置两个并列的大容器，然后再在大容器里面放进两个并列的小容器，依此类推，可以设置多个并列的容器。

现在，在刚才的布局的基础上再增加一列，完成三列布局，首先在刚才两列布局中的右边列的 div 中再添加 firstright 和 secondright 这两个新的 div，将右边列再分成两列。

```
01    <div id="container">
02        <div id="header">header</div>
03        <div id="main">
04            <div id="left"><p>left</p></div>
05            <div id="right">
06                <div id="firstright"> firstright</div>
07                <div id="secondright">secondright</div>
08            </div>
09        </div>
10        <div id="footer">footer</div>
11    </div>
```

接着可以使用与两列布局相同的样式进行设置，即为新增加的每个列设置相应的宽度和高度，然后将 firstright 列向左浮动，将 secondright 列向右浮动。本质上就是将右边的列再分成两列，形成三列的效果。

```
01    #firstright {
02        float: left;
03        width: 380px;
04        height: 300px;
05    }
06    #secondright {
07        float:right;
```

```
08          width:200px;
09          height:300px;
10      }
```

这里也要注意一下 width 的设置，应该满足：

right 列的宽度>=firstright 列的宽度+ secondright 列的宽度

在实际应用中，一般是在列与列之间留有间距，计算的时候要也要考虑间距的宽度。

最后需要将新增加的样式加入到刚才的两列布局的 CSS 文件中，对两列布局的 CSS 进行修改。在这个过程中一些要注意的地方和两列布局中的一样，处理的方法也是一样的，包括对齐、内容与边框的间距、文字、背景颜色等。

例 11-5　基于 float 的三列布局。

```
01      <!--11-5.html-->
02      <style type="text/css">
03      body {
04          font-size:   16px;
05      }
06      #container{
07          border: 2px solid #CC99FF;
08          background-color: #FFFF99;
09          width: 760px;
10        margin:0px auto;
11      }
12      #header {
13          float: left;
14          padding-top: 20px;
15          padding-bottom: 20px;
16          width: 760px;
17      1        background: #66FFFF;
18          height: 60px;
19          text-align:center;
20          font-size:24px;
21          font-weight:bold;
22      }
23      #main {
24          float: left;
25          padding: 0px;
26          width: 760px;
27          background: #FFFF99;
28      }
29      #right {
30          float:right;
31          background:#6666FF;
32          width: 580px;
33          height: 280px;
34          color: #CC0033;
35      }
36      #left {
37          float: left;
38          background: #FF99FF;
39          width: 180px;
40          height: 280px;
```

```
41          padding-top:20px;
42          padding-bottom:20px;
43          color: #6600CC;
44      }
45   #left a{
46          padding-left:20px;
47          padding-right:20px;
48      }
49   #firstright h3,#firstright p{
50          padding-left:20px;
51          padding-right:20px;
52      }
53   #footer {
54          clear:both;
55          width: 760px;
56          background: #CCFFCC;
57          height: 60px;
58      }
59   #firstright {
60          float: left;
61          background:#FFFF66;
62          width: 380px;
63          height: 300px;
64          padding-top:20px;
65      }
66   #secondright {
67          float:right;
68          background: #CCCCCC;
69          width:200px;
70          height:300px;
71          padding-top:20px;
72   </style>
```

得到的三列布局的页面如图 11-9 所示。

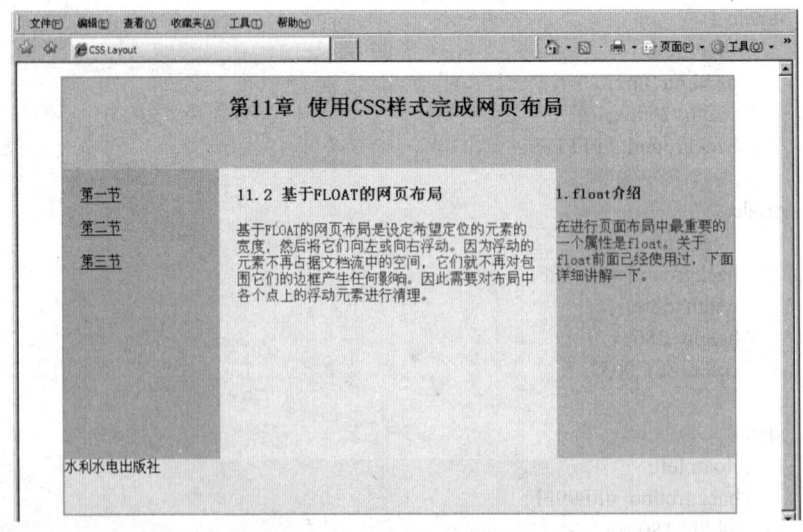

图 11-9 基于 float 的三列布局

11.4　复杂布局

到目前为止，所有示例都使用以像素为单位定义的宽度。这种布局类型称为固定宽度的布局。固定宽度的布局非常常见，因为它们使开发人员对布局和定位有更大的控制能力。如果将设计的宽度设置为 720 像素，它就总是 720 像素宽。知道每个元素的精确宽度，就能够对它们进行精确的布局，而且知道所有东西在什么地方。这样的可预测性使固定宽度的布局成为非常常用的布局方法。

但是，固定宽度的布局也有缺点。首先，因为它们是固定的，所以无论窗口的尺寸有多大，它们的尺寸总是不变。因此，它们无法充分利用可用空间。在高分辨率的屏幕上，为 800×600 分辨率创建的设计会缩小并且出现在屏幕的中间，会留下很大的空白空间。反之，为 1024×768 分辨率创建的设计在低分辨率的屏幕上会导致水平滚动。随着屏幕尺寸范围越来越大，固定宽度设计的缺点越来越明显了。

固定宽度设计的另一个问题涉及行长和文本易读性。固定宽度的布局对于浏览器默认文本字号往往是合适的。但是，只要将文本字号增加几级，边栏就会挤满空间并且行长太短，阅读起来不舒服。为了解决这些问题，可以使用动态布局或弹性布局替代固定宽度的布局。

11.4.1　动态布局

动态布局时，主体部分尺寸是用百分数而不是像素设置的，因此可以自适应用户的分辨率。这使动态布局能够相对于浏览器窗口进行伸缩。随着浏览器窗口变大，列变宽；相反，随着窗口变小，列的宽度减小。合适的动态布局，会使页面在大屏幕、小屏幕上都能得到良好地表现。

1. 动态布局的实现思想

图 11-10 所示是一个动态布局的框架。可以看到布局中的各列的宽度不再是用固定的方法表示，而是用百分数表示的。动态布局中某些元素也可以设置固定宽度，比如 margin，只要主体元素是百分比宽度，就可以让布局自适应各种分辨率。动态布局中可以用不同的方法处理margin，一种方法是计算 margin 的百分比，另一种方法是设置固定的 margin，比如设定固定大小为 20px。

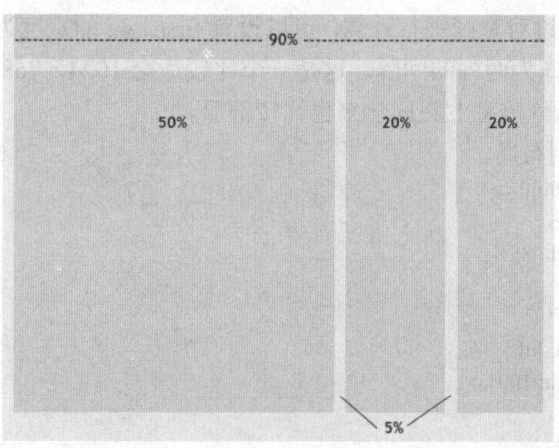

图 11-10　动态布局的结构框架

两种方法各有优劣：

（1）使用百分比，在大分辨率屏幕下显示可能会有问题，但能保持完好的比例。

（2）用固定的 margin，在比例的保持上有缺陷，但是，无论屏幕分辨率为多大，margin 将维持不变。

但是，动态布局也不是没有问题的。在窗口宽度小的时候，行变得非常窄，很难阅读。在多列布局中尤其如此。因此，有必要添加以像素或 em 为单位的 min-width，从而防止布局变得太窄。与之相反，如果设计跨越浏览器窗口的整个宽度，那么行就变得太长，也很难阅读。可以采取几个措施来避免这个问题：

（1）不要跨越整个宽度，而是让容器只跨越宽度的一个百分比，比如 85%。

（2）还可以考虑用百分数设置填充和空白边。这样的话．填充和空白边的宽度将随着窗口尺寸而变，防止列太快地变得过宽。

（3）也可以选择以像素设置容器的最大宽度，以防止内容在大显示器上变得极宽。

2．实现动态布局

可以使用下面的技术将固定宽度的三列布局转换为动态三列布局。首先，将容器宽度设置为窗口总宽度的百分数。在这个示例中，选择 85%，因为这会在一定的屏幕尺寸范围中产生比较好的效果。接下来，将 left 和 right 列的宽度设置为容器宽度的百分数，将 left 列设置为 23%，将 right 列设置为 75%。这在 left 列和 right 列之间留出 2% 的视觉间隔，可以防止舍入误差和宽度差错破坏布局，代码如下：

```
01    # container {
02        width: 85%;
03    }
04    # left {
05        float: left;
06        width: 23%;
07    }
08    # right {
09        float: right;
10        width: 75%;
11    }
```

然后需要设置 right 列中的两个子列的宽度。要注意这个时候的宽度是基于 right 列的宽度，而不是整个容器的。通过对宽度进行计算，可以设置 firstright 的宽度为 31%，secondright 列的宽度为 66%，留出 3% 作为两列的间隔。这是一个比较适合 1024×768 分辨率的动态布局，但是在更大和更小的屏幕分辨率上阅读起来也比较舒服。

例 11-6　动态三列布局。

```
01    <!--11-6.html-->
02    #container{
03        width: 85%;
04    }
05    #mainbg {
06        float: left;
07        width: 100%;
08    }
09    #header {
10        float: left;
```

```
11        width: 100%;
12    }
13    #left {
14        float: left;
15        width: 23%;
16        height: 280px;
17    }
18    #right {
19        float:right;
20        width: 75%;
21    }
22    #firstright {
23        float:left;
24        width: 66%;
25    }
26    #secondright {
27        float:right;
28        width:31%;
29    }
30    #footer {
31        clear:both;
32        width: 100%;
33    }
```

显示效果如图 11-11 所示。

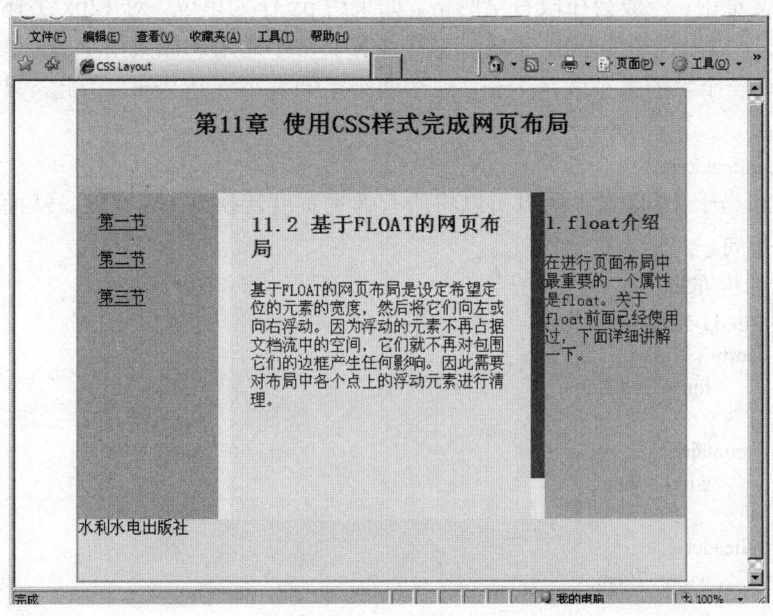

图 11-11　动态三列布局

11.4.2　弹性布局

虽然动态布局可以充分利用可用空间，但是在大分辨率显示器上行仍然会过长，让用户不舒服。相反，在窄窗口中或者在增加文本字号时，行会变得非常短。对于这个问题，弹性布局可能是一种解决方案。

一般情况下在网页中用 CSS 强制定义字体大小，保证看到都是一样的效果。很多网站用的都是绝对单位 px（像素）。但是如果从网站易用性方面考虑，字体大小应该是可变的，有时需要放大字体才能看得清页面内容。然而，占据大部分浏览器市场的 IE 无法调整那些使用 px 作为单位的字体大小。弹性布局用相对字号来设置元素的宽度。使用 em 为单位设置宽度，可以确保在字号增加时整个布局随之扩大。这可以将行长保持在可阅读的范围。应用恰当的弹性布局对用户十分友好，页面中的所有元素可以缩放。

与其他布局技术一样，弹性布局也有自己的问题。弹性布局的一些问题与固定宽度布局的相同，比如不能充分利用可用空间。另外，因为在文本字号增加时整个布局会加大，所以弹性布局会变得比浏览器窗口宽，导致水平滚动条出现。为了防止这种情况，可能需要在主体标记上添加 100% 的 max-width。IE 6 和更低版本当前不支持 max-width，但是 Safari 和 Firefox 等符合标准的浏览器支持它。

将固定宽度布局转换为弹性布局的技巧是要设置基字号，要让 1em 大致相当于 10 像素。1em 指的是一个字体的大小，它会继承父级元素的字体大小，因此并不是一个固定的值。大多数浏览器上的默认字号的默认字体大小是 16px。因此，10x=0.62.5em。实际应用中为了方便换算，通常会像下面这样设置样式：

        html { font-size: 62.5%; }

这样 1em=10px。常用的 1.2em 理论上就是 12px。但是，在 IE 浏览器下 1.2em 会比 12px 稍大一些，解决办法是把 <html> 标记样式中的 62.5% 改成 63%，即：

        html { font-size: 63%; }

在中文的文章中，一般会在段首空两格。如果用 px 作为单位，对 12px 字体来说需要空出 24px，对 14px 字体来说需要空出 28px，这样换算非常不通用。如果用上 em 单位，这个问题就很好解决了，一个字的大小就是 1em，那么两个字的大小就是 2em。因此，只需要这样定义即可：

        p{text-indent:2em;}

现在 1em 相当于 10 像素，所以可以将所有像素宽度转换为 em 宽度，从而将固定宽度布局转换为弹性布局。

例 11-7 弹性布局。

```
01      <!--11-7.html-->
02      body {
03          font-size:62.5%;
04      }
05      #container{
06          width: 76em;
07      }
08      #header {
09          width: 76em;
10      }
11      #mainbg {
12          float: left;
13          width: 76em;
14      }
15        #right {
16          float:right;
17      width: 58em;
18          }
```

```
20      #left {
21          float: left;
22          width: 17em;
23      }
24          #footer {
25          clear:both;
26          width: 76em;
27      }
28      #firstright {
29          float: left;
30          width: 38em;
31      }
32      #secondright {
33          float:right;
34          width:19em;
35      }
```

布局如图 11-12 所示，它会随着文本字号的增加而增大。

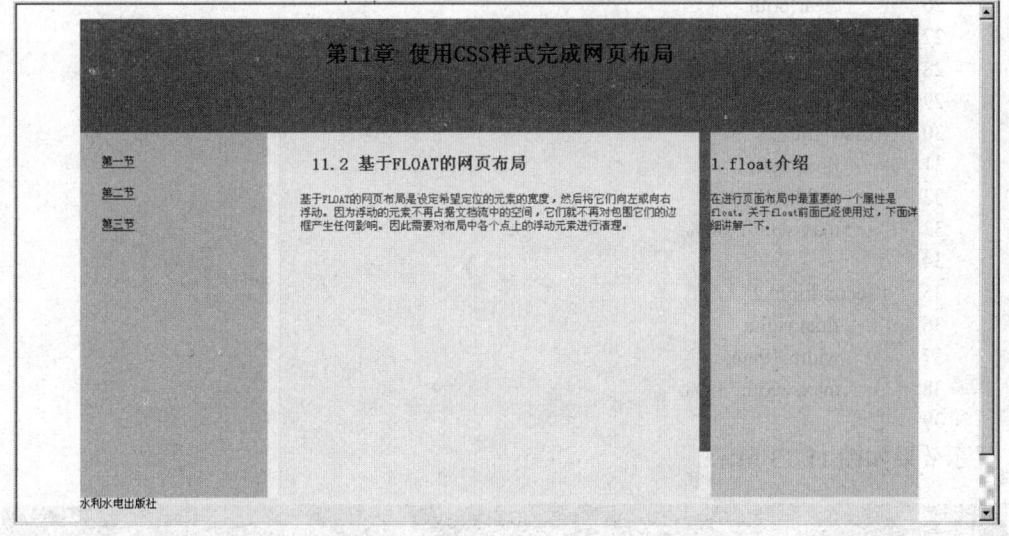

图 11-12　弹性布局

11.4.3　动态－弹性混合布局

可以组合弹性和动态技术来创建混合布局。这种混合方式以 em 设置宽度，然后用百分数设置最大宽度。在支持 max-width 的浏览器上，这个布局将随着字号伸缩，但是绝不会超过窗口的宽度。只需要在前一个例子中为每列加上 max-width 熟悉的设置。

例 11-8　动态－弹性混合布局。

```
01      <!--11-8.html-->
02      #container{
03          width: 76em;
04          max-width: 100%;
05      }
06      #header {
```

```
07          width: 76em;
08           max-width: 100%;
09      }
10   #mainbg {
11          float: left;
12          width: 76em;
13          max-width: 100%;
14   }
15   #right {
16          float:right;
17          max-width: 75%;
18          width: 58em;
19   }
20   #left {
21          float: left;
22          width: 17em;
23          max-width: 23%;
24   }
25   #footer {
26          clear:both;
27          width: 76em;
28          max-width: 100
29   }
30   #firstright {
31          float: left;
32          width: 38em;
33          max-width: 66%;
34   }
35   #secondright {
36          float:right;
37          width:19em;
38          max-width: 33%;
39   }
```

显示效果如图 11-13 所示。

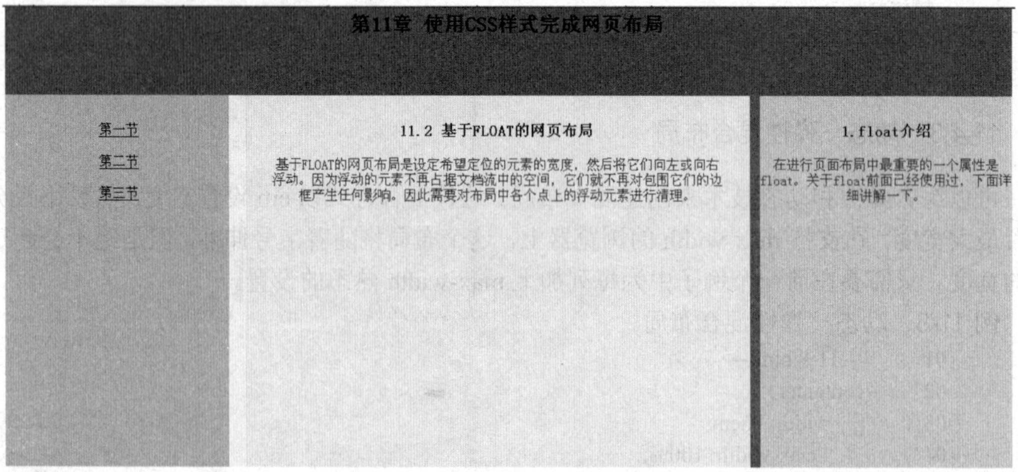

图 11-13　动态—弹性混合布局

11.4.4　动态和弹性图像

如果选择使用动态或弹性布局，那么固定宽度的图像就会对设计产生影响。当布局的宽度减小时，图像会移动，可能相互产生影响，图像会以自然的最小宽度显示，从而影响某些元素的尺寸大小。有些图像会超出包含它们的元素，从而破坏调整过的设计。增加布局的宽度也会产生不希望的结果，形成空隙过大、不平衡的设计。有几个办法可以避免这些问题。

对于需要跨越大区域的图像，可以考虑使用背景图像而不是图像元素，代码如下：

CSS 部分代码：

```
01    #branding{
02        height: 170px;
03        background: url(文件名) no-repeat left top;
04    }
```

HTML 部分代码：

```
<div id="branding"><img src="branding.png" width="1600" height="170"/> </div>
```

这样随着 branding 元素的伸缩，背景图像露出来的部分会变化。

如果图像需要作为页面上的图像元素，那么将容器元素的宽度设置为 100%并且将 overflow 属性设置为 hidden。这样图像会被截短，使它适合 branding 元素，而不会随着布局伸缩。

CSS 部分代码：

```
01    # header {
02        width: 100%;
03        overflow: hidden;
04    }
```

HTML 部分代码：

```
01    <div id="branding"><img src="branding.png" width="1600" height="170"/></div>
```

对于常规内容图像，可能希望它们垂直和水平伸缩以避免剪切。为此，可以将图像元素添加到没有设置任何尺寸的页面上，然后设置图像的百分数宽度，并且添加与图像宽度相同的 max-width 以避免像素失真（pixelization）。但并不是所有的浏览器都支持 max-width，那么可以将图像设置为需要的尺寸。

例如，假设希望创建一种新闻样式，在左边是窄的图像列，右边是比较大的文本列。图像的宽度需要大约是包含它的框的四分之一，文本占据余下的空间。为此，只需要将图像的宽度设置为 25%，然后将 max-width 设置为图像的尺寸。

例 11-9　动态－弹性混合布局。

```
01    <!--11-9.html-->
02    .content img{
03        width: 25%;
04        max-width: 500px;
05        float: left;
06        padding: 2%;
07    }
08    .content p{
09        width: 65%;
10        float: right;
11        padding: 2% 2% 0;
12    }
```

HTML 部分代码:

```
01      <div class=" content ">
02          <img src="big_pic.jpg"  />
03          <p> 省略的内容</p>
04      </div>
```

显示效果如图 11-14 所示,随着 content 元素的扩展或收缩,图像和文本段落也会扩展或收缩,从而保持视觉上的平衡,在符合标准的浏览器上,图像不会超过它的实际尺寸。

基于FLOAT的网页布局是设定希望定位的元素的宽度,然后将它们向左或向右浮动。因为浮动的元素不再占据文档流中的空间,它们就不再对包围它们的边框产生任何影响。因此需要对布局中各个点上的浮动元素进行清理。

图 11-14　图像设置百分数宽度,使它们能够伸缩

11.4.5　伪列布局

通过表格布局时,表格的列方向是等高的,比如创建一行两行的页面布局形式,左列和右列始终是等高的。在通过浮动 float 进行网页布局时,左列与右列的高度只能通过定义或由内容的多少来决定。这样的情况下,实现视觉效果上左列和右列等高就遇到了一些困难,这个问题有一些解决方法。如果左右两列的内容是固定的,简单地设置同样的高度即可实现。如果左列和右列的高度无法确定,如左列固定内容,而右列是文章文本段落,内容多少不可控制,可以用变通的办法来实现,需要创建一个伪列,方法是在一个父层的元素(比如一个容器 div)上应用重复的背景图像,这个背景图像就是为了体现左侧层的高度,因为父对象是会被高的那一列撑高的。faux 列这个术语来描述这种技术。

```
# main { background:url(图片路径) repeat-y left top; } <!-- 为父层设置背景图像 -->
```

对于固定宽度的两列布局,只需要在容器元素上应用一个垂直重复的背景图像,其宽度与 left 列相同,但是,这一次重复的背景图像需要跨越容器的整个宽度,其中包含两列。按照与前面一样的方式应用这个图像,就会形成 faux 三列效果。

为固定宽度的设计创建 faux 列非常容易,因为总是知道列的尺寸和位置。为动态布局创建 faux 列就有些复杂了,因为列的尺寸和位置随浏览器窗口而变化。建立动态 faux 列的技巧是使用百分数对背景图像进行定位。

如果使用像素设置背景的位置,那么图像的左上角会定位在距离元素左上角指定像素数的地方。如果使用百分数定位,就会对图像上的对应点进行定位。所以,如果将垂直和水平位置设置为 20%,那么实际上会把图像上距离左上角 20% 的点定位到父元素上距离左上角 20% 的位置。

在使用百分数进行定位时,使用图像上的对应位置这非常有用,因为它允许创建水平比例与布局相同的背景图像,然后把背景图像定位到希望列出现的地方。

为了给 left 区域创建 faux 列,首先创建一个非常宽的 faux 图像。接下来,需要在背景图像上创建作为 faux 列的区域。left 列已经设置为容器宽度的 23%,所以需要在背景图像上创建一个宽 23% 的对应区域。对于 2000 像素宽的背景图像,图像的 faux 列部分需要宽 460 像素。将图像保存为 GIF,从而确保 faux 列没有覆盖的区域是透明的。

faux 列的右边缘现在距离图像的左边 23%,left 列的右边缘距离容器元素的左边 23%。这

意味着，如果将这个图像作为背景应用于容器元素，并且将水平位置设置为 23%，那么 faux
列的右边缘会正好对准 left 列的右边缘。

#main{ background: #fff url(Faux-column1. gif) repeat-y 23% 0; }

可以使用类似的方法为 right 区域创建背景。这个 faux 列的左边缘应该距离图像左边缘
77%，从而与 secondrght 元素和容器的相对位置匹配。因为容器元素上已经应用了背景图像，
所以需要在第一个容器元素内添加第二个容器元素。然后就可以将第二个 faux 列背景图像应
用于这个新的容器元素。

#apper2{ background: url(faux-column2. gif)repeat-y 77% 0; }

如果正确地设置了比例，那么应该会形成三列动态布局，其中的列背景会扩展到容器的
高度。

11.5 综合实例

请用本章所学的知识完成图 11-15 所示的页面布局设计。

图 11-15 综合实例

说明：

（1）层的嵌套关系如图 11-16 所示的实际页面布局图所示。

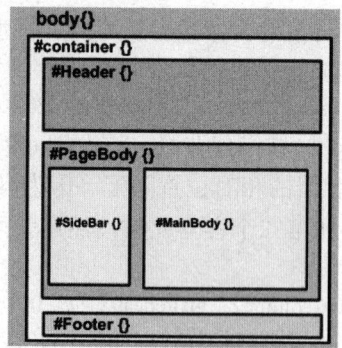

图 11-16　层嵌套关系

（2）div 结构如下：

```
body {}
└#Container {}<!--页面层容器-->
            ├#Header {}   <!--页面头部-->
            ├#PageBody {}   <!--页面主体-->
            │   ├#Sidebar {}   <!--侧边栏-->
            │   └#MainBody {}   <!--主体内容-->
            └#Footer {}   <!--页面底部-->
```

对应的 HTML 代码如下：

```html
<div id="container">页面层容器
    <div id="Header">页面头部</div>
    <div id="PageBody">页面主体
        <div id="Sidebar">侧边栏</div>
        <div id="MainBody">主体内容</div>
    </div>
    <div id="Footer">页面底部</div>
</div>
```

（3）页面布局与规划已经完成，是一个两列的布局，部分代码如下，请完成整个 HTML 代码和 CSS 设计。

CSS:

```css
<!--基本信息-->
body {
    font:12px Tahoma;
    margin:0px;
    text-align:
    center;
    background:#FFF;
}
a:link,a:visited {
    font-size:12px;
    text-decoration: none;
}
a:hover{
}
<!--页面层容器-->
```

```
#container {width:800px;
    height:600px;
    margin:10px auto
}
<!--页面头部-->
#header {
    background:url(logo.gif) no-repeat
}
#menu {
    padding:20px 20px 0 0
}
#menu ul {
    float:right;
    list-style:none;
    margin:0px;
}
#menu ul li {
    float:left;display:
    block;line-height:30px;
    margin:0 10px;
}
#menu ul li a:link,#menu ul li a:visited {
    font-weight:bold;
    color:#666;
}
#menu ul li a:hover{
}
.menuDiv {
    width:1px;
    height:28px;
    background:#999;
}
#banner{
    background:url(banner.jpg)    0 30px no-repeat;
    width:730px;
    margin:auto;
    height:240px;
    border-bottom:5px solid #EFEFEF;
    clear:both;
}

<!--页面主体-->
#pagebody {
    width:800px;
    margin:0 auto;
    height:400px;
    background:#CCFF00;
}
<!--页面底部-->
#footer {
    width:800px;
    margin:0 auto;
```

```
        height:50px;
        background:#00FFFF;
    }
```
HTML:
```
<!DOCTYPE html PUBLIC "-//W3C//DTD XHTML 1.0 Transitional//EN"
"http://www.w3.org/TR/xhtml1/DTD/xhtml1-transitional.dtd">
<html xmlns="http://www.w3.org/1999/xhtml">
<head>
<meta http-equiv="Content-Type" content="text/html; charset=gb2312" />
<title>无标题文档</title>
<link href="css.css" rel="stylesheet" type="text/css" media="all" />
</head>
<body>
<div id="container">
    <div id="header">
        <div id="menu">
          <ul>
            <li><a href="#">首页</a></li>
            <li class="menuDiv"></li>
            <li><a href="#">博客</a></li>
            <li class="menuDiv"></li>
            <li><a href="#">设计</a></li>
            <li class="menuDiv"></li>
            <li><a href="#">相册</a></li>
            <li class="menuDiv"></li>
            <li><a href="#">论坛</a></li>
            <li class="menuDiv"></li>
            <li><a href="#">关于</a></li>
          </ul>
        </div>
        <div id="banner"></div>
    </div>
</div>
</body>
</html>
```

本章小结

　　CSS 能够控制页面布局而不需要使用表现性标记，用 CSS 进行网页布局使网站的信息更丰富，网页表现更美观。所有 CSS 布局技术都应建立在盒模型、流动、浮动和定位这 4 个最基本的概念之上。网页居中可以让浏览者在视觉上得到一个较好的体验。在 CSS 中居中有两个基本方法：一个方法是使用自动空白边，另一个方法是使用定位和负值空白边。有一些方法可以实现多列布局。一种方法是在设置两列布局时，左右两列的宽带之和不占满整个父容器，然后再放入第三列。另外一种实现方法借鉴 table 的思路，可以先设置两个并列的大容器，然后再在大容器里面放进两个并列的小容器。

　　在动态布局中各列的宽度不再是用固定的方法表示，而是用百分数表示。动态布局中某些元素也可以设置固定宽度。弹性布局用相对于字号来设置元素的宽度。通过以 em 为单位设置宽度，可以确保在字号增加时整个布局随之扩大。

也可以组合弹性和动态技术来创建混合布局。这种混合方式以 em 设置宽度，然后用百分数设置最大宽度。如果选择使用动态或弹性布局，那么固定宽度的图像就会对设计产生影响。对于需要跨越大区域的图像，可以考虑使用背景图像而不是图像元素。对于常规内容图像，可以将图像元素添加到没有设置任何尺寸的页面上，然后设置图像的百分数宽度。

一、选择题

1．CSS 是利用（　　）标记构建网页布局的。
　　A．<dir>　　　　　B．<div>　　　　　C．<dis>　　　　　D．<dif>
2．在 CSS 中，盒模型的属性不包括（　　）。
　　A．font　　　　　B．margin　　　　C．padding　　　D．border

二、问答题

1．简述 CSS 网页布局的意义。
2．简述 CSS 盒模型。
3．怎样实现一个 div 层居中对齐。

1．任选一种方法实现网页居中对齐。
技术要点：
（1）使用自动空白边进行居中。
（2）使用定位和负值空白边实现居中对齐的效果。
2．请用动态-弹性混合布局的方式设计一个三列的布局。
技术要点：以 em 设置宽度，然后用百分数设置最大宽度。

附录 A 习题答案

第 1 章

一、问答题

1. HTML 是 Hypertext Markup Language 的缩写，即超文本标记语言，它是用于创建可跨平台的超文本文档的一种简单标记语言，现在通常用来创建 Web 页面及网页。HTML 之所以叫做超文本标记语言是因为它不仅描述文本，而且对网页中的图像、声音等各种元素都可以描述，同时它是通过标记（tag）来指明网页中的文档、图像、声音等各种元素如何显示的。

2. CSS（Cascading Style Sheet），中文译为"层叠样式表"，是用于控制网页样式并允许将样式信息与网页内容分离的一种标记性语言。

CSS 最重要的作用是将 HTML 页面的内容与它的显示分隔开来。在 CSS 出现以前，几乎所有的 HTML 文件内都包含文件显示的信息，如字体的颜色、背景应该是怎样的、如何排列、边缘、连线等，都必须一一在 HTML 文件内列出，有时甚至重复列出。CSS 使 HTML 页面开发者可以将这些信息中的大部分隔离出来，简化 HTML 文件，这些信息被放在一个辅助的，用 CSS 语言写的文件中。HTML 文件中只包含结构和内容的信息，CSS 文件中只包含样式的信息。

3. URL 是 Uniform Resource Locator 的缩写，译为"统一资源定位符"。通俗地说，URL 是 Internet 上用来描述信息资源的字符串，它提供在 Web 上访问资源的统一方法和路径，使得用户所要访问的站点具有唯一性，相当于实际生活中的门牌地址。

URL 是用于完整地描述 Internet 上 HTML 网页和其他资源的地址的一种标识方法。Internet 上的每一个网页都具有一个唯一的名称标识，通常称之为 URL 地址，这种地址可以是本地磁盘，也可以是局域网上的某一台计算机，更多的是 Internet 上的站点。简单地说，URL 就是 Web 地址，俗称"网址"。

第 2 章

一、选择题

1. D 2. A 3. B

二、填空题

1. html body head
2. <body bgcolor=green>
3. <body background=/img/bg.jpg>

第 3 章

一、选择题

1．A　2．A　3．D　4．C

二、填空题

1．<head></head>
2．基链接指向的地址
3．<title>.</title>
4．.<link>

第 4 章

一、选择题

1．B　2．A　3．C　4．B　5．D　6．B　7．A　8．C

二、填空题

1．<address>
2．粗体　斜体　有下划线
3．标记内的内容按照原格式显示在网页中
4．对齐方式　left（左）　center（中）　right（右）
5．<sub>
6．<div>　</div>
7．<big>　<small>
8．<hr width=50%>

第 5 章

一、选择题

1．C　2．A　3．ABC

二、问答题

1．区别如下：
（1）在 CSS 文件里书写时，id 加前缀 "#"，class 用 "."。
（2）id 一个页面只可以使用一次，class 可以多次引用。浏览器目前还允许用多个相同 id，一般情况下也能正常显示，不过这时当要用 JavaScript 通过 id 来控制 div 时就会出现错误。

（3）id 是一个标记，用于区分不同的结构和内容，如果同名，就会出现混淆；class 是一个样式，同一个样式可以套在任何结构和内容上。

2．一个样式表一般由若干样式规则组成，每条样式规则都可以看做是一条 CSS 的基本语句，每条规则都由一个选择器和写在花括号里的声明组成，这些声明通常是由几组用分号分隔的属性和值组成。每个属性带一个值，共同描述整个选择器应该如何在浏览器中显示。一条 CSS 语句的结构如下：

选择器{属性 1:值 1;属性 2:值 2;……}

3．区别如下：

（1）link 属于 HTML 标记，而@import 完全是 CSS 提供的一种方式。link 标记除了可以加载 CSS 外，还可以做很多其他的事情，比如定义 RSS、定义 rel 连接属性等，@import 就只能加载 CSS。

（2）加载顺序的差别。当一个页面被加载的时候，link 引用的 CSS 会同时被加载，而@import 引用的 CSS 会等到页面全部被下载完再被加载。

（3）兼容性的差别。由于@import 是 CSS 2.1 提出的，所以老的浏览器不支持，@import 只有在 IE 5 以上的浏览器上才能识别，而 link 标记无此问题。

（4）@import 可以在 CSS 中再次引入其他样式表，比如可以创建一个主样式表，在主样式表中再引入其他的样式表。

第 6 章

一、选择题

1．C　2．D　3．C　4．D

二、填空题

1．<body bgcolor="green">

2．border

3．vspace　hspace

第 7 章

一、选择题

1．ABC　2．B　3．C　4．B　5．B

二、填空题

1．<a href="mailto:jessica@126.com">联系我</a>

2．超链接

第 8 章

一、选择题

1. B 2. B 3. A

二、填空题

1. <table> <td>
2. 像素
3. 单元格
4. <thead> <tbody> <tfoot>

第 9 章

一、选择题

1. C 2. B 3. A

二、填空题

1. 服务器 客户端
2. name action
3. post
4. input="password"

第 10 章

一、选择题

1. B 2. B 3. C

二、问答题

1. 有两种方法：一种是直接用 border-spacing 属性来取消间距：border-spacing: 0；另一种是用 border-collapse 属性来代替 border-spacing 属性以达到这种效果。

2. 有两种方式：一种方式是设置一个 class 样式.odd，在这个样式里设定背景颜色，然后将这个样式应用于每个奇数行，这样奇数行显示设定的颜色，偶数行显示原有的颜色；另外一种方式是，通过动态 CSS 属性（即 CSS Expression）来简便地达到效果。如设置：tr{background-color:expression((this.sectionRowIndex%2==0)?'# FFFFFF':'#3399FF');}。这样该语句计算当前行，如果是偶数行就设置背景色为白色，如果是奇数行，背景色就是蓝色。

第 11 章

一、选择题

1．C　2．B　3．C

二、问答题

1．CSS 网页布局的意义有：
（1）使页面载入得更快。
（2）修改设计时更有效率。
（3）保持一致性。
（4）对浏览者和浏览器更具亲和力。

2．W3C 组织建议把所有网页上的对象都放在一个盒（box）中，可以通过创建定义来控制这个盒的属性。盒模型主要定义 4 个区域：内容（content）、填充（padding）、边界（border）和边距（margin）。这些属性可以把它联想到日常生活中的盒子上来理解，日常生活中所见的盒子也具有这些属性，所以叫它盒模式。

3．有两种方式可以实现居中对齐：
（1）使用自动空白边进行居中。
（2）使用定位和负值空白边实现居中对齐的效果。

附录 B　HTML 标记

1. 标准标记

标记	描述
<!DOCTYPE>	定义文档类型
<html>	定义 HTML 文档
<body>	定义文档的主体
<h1> to <h6>	定义 HTML 标题
<p>	定义段落
 	定义简单的折行
<hr>	定义水平线
<!--...-->	定义注释

2. 文本标记-1

标记	描述
<b>	定义粗体文本
<font>	不赞成使用，定义文本的字体、尺寸和颜色
<i>	定义斜体文本
<em>	定义强调文本
<big>	定义大号文本
<strong>	定义语气更为强烈的强调文本
<small>	定义小号文本
<sup>	定义上标文本
<sub>	定义下标文本
<bdo>	定义文本的方向
<u>	不赞成使用，定义下划线文本

3. 文本标记-2

标记	描述
<pre>	定义预格式文本
<code>	定义计算机代码文本
<tt>	定义打字机文本
<kbd>	定义键盘文本
<var>	定义文本的变量部分
<dfn>	定义项目
<samp>	定义计算机代码样本
<xmp>	不赞成使用，定义预格式文本

4. 文本标记-3

标记	描述
<acronym>	定义只取首字母的缩写
<abbr>	定义缩写
<address>	定义文档作者或拥有者的联系信息
<blockquote>	定义块引用
<center>	不赞成使用，定义居中文本
<q>	定义短的引用
<cite>	定义引用（citation）
<ins>	定义被插入文本
<del>	定义被删除文本
<s>	不赞成使用，定义加删除线的文本
<strike>	不赞成使用，定义加删除线的文本

5. 链接与框架标记

标记	描述
<a>	定义锚
<link>	定义文档与外部资源的关系
<frame>	定义框架集的窗口或框架
<frameset>	定义框架集
<noframes>	定义针对不支持框架的用户的替代内容
<iframe>	定义内联框架

6. 表单标记

标记	描述
<form>	定义供用户输入的 HTML 表单
<input>	定义输入控件
<textarea>	定义多行的文本输入控件
<button>	定义按钮
<select>	定义选择列表（下拉列表）
<optgroup>	定义选择列表中相关选项的组合
<option>	定义选择列表中的选项
<label>	定义 input 元素的标注
<fieldset>	定义围绕表单中元素的边框
<legend>	定义 fieldset 元素的标题
<isindex>	不赞成使用，定义与文档相关的可搜索索引

7. 列表标记

标记	描述
<ul>	定义无序列表
<ol>	定义有序列表
<li>	定义列表的项目
<dir>	不赞成使用，定义目录列表
<dl>	定义列表
<dt>	定义列表中的项目
<dd>	定义列表中项目的描述
<menu>	不赞成使用，定义菜单列表

8. 图像标记

标记	描述
<img>	定义图像
<map>	定义图像映射
<area>	定义图像地图内部的区域

9. 表格标记

标记	描述
<table>	定义表格
<caption>	定义表格标题
<th>	定义表格中的表头单元格
<tr>	定义表格中的行
<td>	定义表格中的单元
<thead>	定义表格中的表头内容
<tbody>	定义表格中的主体内容
<tfoot>	定义表格中的表注内容（脚注）
<col>	定义表格中一个或多个列的标记值
<colgroup>	定义表格中供格式化的列组

10. 层的标记

标记	描述
<style>	定义文档的样式信息
<div>	定义文档中的块
<span>	定义文档中的节

11. 文档标记

标记	描述
<head>	定义关于文档的信息
<title>	定义文档的标题

续表

标记	描述
<meta>	定义关于 HTML 文档的元信息
<base>	定义页面中所有链接的默认地址或默认目标
<basefont>	不赞成使用，定义页面中文本的默认字体、颜色或尺寸

12. 脚本标记

标记	描述
<script>	定义客户端脚本
<noscript>	定义针对不支持客户端脚本的用户的替代内容
<applet>	不赞成使用，定义嵌入的 applet
<object>	定义嵌入的对象
<param>	定义对象的参数

附录 C　CSS 属性

C.1　字体样式（Font Style）

序号	中文说明	标记语法
1	字体样式	{font:font-style font-variant font-weight font-size font-family}
2	字体类型	{font-family:"字体 1","字体 2","字体 3",... }
3	字体大小	{font-size:数值|inherit|medium|large|larger|x-large|xx-large|small|smaller| x-small|xx-small}
4	字体风格	{font-style:inherit|italic|normal|oblique}
5	字体粗细	{font-weight:100-900|bold|bolder|lighter|normal;}
6	字体颜色	{color:数值;}
7	字体阴影	text-shadow:color||length||length||opacity
8	字体行高	{line-height:数值|inherit|normal;}
9	字间距	{letter-spacing:数值|inherit|normal}
10	单词间距	{word-spacing:数值|inherit|normal}
11	字体变形	{font-variant:inherit|normal|small-cps}
12	英文转换	{text-transform:inherit|none|capitalize|uppercase|lowercase}
13	字体名称	{font-size-adjust:none|number}
14	横向拉伸	{font-stretch:condensed|expanded|extra-condensed|extra-expanded|inherit|narrower|normal| |semi-condensed|semi-expanded|ultra-condensed|ultra-expanded|wider}

1. **字体样式：font**

语法：font:font-style\|\|font-variant\|\|font-weight\|\|font-size\|\|line-height\|\|font-family
　　　[<字体风格>\|\|<字体变形>\|\|<字体加粗>\|\|<字体大小>\|\|<行高>\|\|<字体类形>

作用：简写属性，提供了对字体所有属性进行设置的快捷方法。

例子：p{font:italic bold 16pt/18pt serif}

指定该段为 serif 字体，以 bold（粗体）和 italic（斜体）显示，16pt 大小，行高为 18pt。

2. **字体类形：font-family**

语法：{font-family:字体 1,字体 2,字体 3,... }

作用：调用客户端字体。

说明：当指定多种字体时，用"，"分隔每种字体名称。当字体名称包含两个以上分开的单词时，用""把该字体名称括起来。当样式规则外已经有""时，用' '代替""。

注意：如果在 font-family 后加上多种字体的名称，浏览器会按字体名称的顺序逐一在用户的计算机里寻找已经安装的字体，一旦遇到与要求的相匹配的字体，就按这种字体显示网页内容，并停止搜索；如果不匹配就继续搜索，直到找到为止，如果样式表里的所有字体都没有安装，浏览器就会用自己默认的字体来替代显示网页的内容。

例子：p{font-family:黑体,隶书;}

3．字体大小：font-size

语法：{font-size:数值|inherit|medium|large|larger|x-large|xx-large|small|smaller|x-small|

　　　　xx-small}

作用：设定文字大小，参考取值单位。

例子：p{font-size:18pt;}

4．字体风格：font-style

语法：{font-style:inherit|italic|normal|oblique}

作用：使文本显示为扁斜体或斜体等表示强调。

说明：.inherit（继承）、.italic（斜体）、.normal（正常）、.oblique（偏斜体）。

例子：p{font-style:italic}

5．字体粗细：font-weight

语法：{font-weight:100-900|bold|bolder|lighter|normal;}

作用：设定文字的粗细。

说明：bold（粗体）、bolder（特粗体）、lighter（细体）、normal（正常体）。

注意：取值范围为数字 100～900，浏览器默认的字体粗细为 400。另外可以通过参数 lighter 和 bolder 使得字体在原有基础上显得更细或更粗些。

例子：p{font-weight:400}

6．字体颜色：color

语法：{color:数值}

作用：字体颜色。

说明：颜色参数取值范围。

● 以 RGB 值表示。

● 以十六进制（hex）的色彩值表示。

● 以默认颜色的英文名称表示。

注意：以默认颜色的英文名称表示无疑是最为方便的，但由于预定义的颜色种类太少，所以更多的网页设计者喜欢用 RGB 方式。RGB 方式的好处很多，不但可以用数字的形式精确地表示颜色，而且也是很多图像制作软件里默认使用的规范。

例子：p{color:rgb(255,0,0)}

7．文字阴影颜色：text-shadow

语法：{text-shadow:color||length||length||opacity}

说明：设置文本的文字是否有阴影及模糊效果。可以设定多组效果，方式是用逗号隔开。可以被用于伪类:first-letter 和:first-line。

参数取值说明：

● color：指定颜色。

● length：指定阴影的水平延伸距离。

● length：指定阴影的垂直延伸距离。

● opacity：由浮点数字和单位标识符组成的长度值，不可为负值，指定模糊效果的作用距离。如果仅仅需要模糊效果，则将前两个 length 全部设定为 0。

例子：p{text-shadow:black0px0px5px;}

8．字体行高：line-height

语法：{line-height:数值|inherit|normal}

作用：行与行之间的距离。

说明：参数取值范围。

- 不带单位的数字：以 1 为基数，相当于比例关系的 100%。
- 带长度单位的数字：以具体的单位为准。
- 比例关系。

注意：行距是指上下两行基准线之间的垂直距离。一般地说，英文五线格练习本从上往下数的第三条横线就是计算机所认为的该行的基准线。如果文字字体很大，而行距相对较小，可能会发生上下两行文字互相重叠的现象。

例子：p{line-height:1.2;}

9．字间距：letter-spacing

语法：{letter-spacing:数值|inherit|normal}

作用：控制文本元素字母间的间距，所设置的距离适用于整个元素。

注意：该属性将指定的间隔添加到每个文字之后，但最后一个字将被排除在外。字符间距会受对齐调整影响。

例子：p{letter-spacing:0.1em}

10．单词间距：word-spacing

语法：{word-spacing:数值|inherit|normal}

说明：单词间距指的是英文每个单词之间的距离，不包括中文文字。间隔距离的取值有 points、em、pixes、in、cm、mm、pc、ex、normal 等。

例子：p{letter-spacing:0.1em}

11．字体变形：font-variant

语法：{font-variant:inherit|normal|small-cps}

作用：用于正常和小型大写字母间切换（比正常大写字母略小）。

说明：small-caps 小型大写字母。

例子：{font-style:oblique}

12．字母大小写转换：text-transform

语法：{text-transform:inherit|none|capitalize|uppercase|lowercase}

作用：设置一个或几个字母的大小写标准。

说明：参数取值范围。

- none：不改变文本的大写小写。
- capitalize：元素中每个单词的第一个字母用大写。
- uppercase：将所有文本设置为大写。
- lowercase：将所有文本设置为小写。

例子：p{text-transform:uppercase}

13．font-size-adjust

语法：{font-size-adjust:none|number}

作用：设置文本的字体名称序列是否强制使用同一尺寸。

例子：p{font-size:12pt;}

14. font-stretch

语法：{font-stretch:condensed|expanded|extra-condensed|extra-expanded|inherit|narrower|normal| :
 semi-condensed|semi-expanded|ultra-condensed|ultra-expanded|wider}

作用：设置文本的文字是否横向地拉伸变形，改变是相对于浏览器显示的字体的正常宽度的。

例子：p{font-stretch:wider;}

C.2　文本样式（Text Style）

序号	中文说明	标记语法
1	文本修饰	{text-decoration:inherit|none|underline|overline|line-through|blink}
2	段首空格	{text-indent:数值|inherit}
3	水平对齐	{text-align:left|right|center|justify}
4	垂直对齐	{vertical-align:inherit|top|bottom|text-top|text-bottom|baseline|middle|sub|super}
5	书写方式	{writing-mode:lr-tb|tb-rl}

1. 文本修饰：text-decoration

语法：{text-decoration:inherit|none|underline|overline|line-through|blink}

作用：文本修饰，用于控制文本元素所用的效果，特别适用于引人注意的说明、警告等
文本效果。

说明：参数取值范围。

● inherit：继承。

● none：无文本修饰，默认设置。

● underline：下划线。

● overline：上划线。

● line-through：删除线。

● blink：闪烁。

注意：同一语句中可以组合多个关键字。

例子：A:link,A:visited,A:active{text-decoration:none}

使用上面的语句可以使链接不再有下划线。

2. 段首空格：text-indent

语法：{text-indent:数值|inherit}

说明：参数取值范围。

● 带长度单位的数字。

● 比例关系。

注意：文本缩进可以使文本在相对默认值较窄的区域里显示，主要用于中文版式的首行
缩进，或是将大段的引用文本和备注做成缩进的格式。在使用比例关系的时候，整个浏览器的
窗口是浏览器所默认的参照物。

例子：p{text-indent:3em}

3. 水平对齐：text-align

语法：{text-align:left|right|center|justify}

作用：在元素框中水平对齐文本。

说明：参数取值范围。

- left：左对齐。
- right：右对齐。
- center：居中。
- justify：两端对齐，均匀分布。

注意：text-alight 是块级属性。文本水平对齐可以控制文本的水平对齐，而且并不仅仅指文字内容，也包括设置图片、影像资料的对齐方式。

例子：div{text-align:center}

4．垂直对齐：vertical-align

语法：{vertical-align:inherit|top|bottom|text-top|text-bottom|baseline|middle|sub|super}

说明：参数取值范围。

- inherit：继承。
- top：顶对齐。
- bottom：底对齐。
- text-top：相对文本顶对齐。
- text-bottom：相对文本底对齐。
- baseline：基准线对齐。
- middle：中心对齐。
- sub：以下标的形式显示。
- super：以上标的形式显示。

注意：文本的垂直对齐应当是相对于文本母体的位置而言的，不是指文本在网页里垂直对齐。比如说，表格的单元格里有一段文本，那么对这段文本设置垂直居中就是针对单元格来衡量的，也就是说，文本将在单元格的正中显示，而不是整个网页的正中。

例子：td{vertical-align:middle;}

5．书写方式：writing-mode

语法：{writing-mode:lr-tb|tb-rl}

作用：文字的书写方式。

说明：

（1）lr-tb：从左向左，从上往下。

（2）tb-rl：从上往下，从右向左。

例子：DIV{writing-mode:tb-rl;}

C.3　背景样式（Background Style）

序号	中文说明	标记语法
1	背景颜色	{background-color:数值}
2	背景图片	{background-image: url(URL)|none}
3	背景重复	{background-repeat:inherit|no-repeat|repeat|repeat-x|repeat-y}
4	背景固定	{background-attachment:fixed|scroll}
5	背景定位	{background-position:数值|top|bottom|left|right|center}

1．背景颜色：background-color

语法：{background-color:数值}

说明：参数取值和颜色属性一样。

例子：p{background-color:#F00}

2．背景图片：background-image

语法：{background-image: url(URL)|none}

说明：URL 就是背景图片的存放路径。如果用 none 来代替背景图片的存放路径，将什么也不显示。

例子：imgbgstyle{background-image: url(logo.gif)}

3．背景重复：background-repeat

语法：{background-repeat:inherit|no-repeat|repeat|repeat-x|repeat-y}

作用：控制背景图片是否平铺，结合背景定位的控制可以在网页上的某处单独显示一幅背景图片。

说明：参数取值范围。

- inherit：继承。
- no-repeat：不重复平铺背景图片。
- repeat：重复平铺背景图片。
- repeat-x：使图片只在水平方向上平铺。
- repeat-y：使图片只在垂直方向上平铺。

注意：如果不指定背景图片重复属性，浏览器默认的是背景图片向水平、垂直两个方向上平铺。

例子：BODY { background-repeat: repeat-y; }

4．背景固定：background-attachment

语法：{background-attachment:fixed|scroll}

说明：参数取值范围。

- fixed：网页滚动时，背景图片相对于浏览器的窗口而言，固定不动。
- scroll：网页滚动时，背景图片相对于浏览器的窗口而言，一起滚动。

注意：背景图片固定控制背景图片是否随网页的滚动而滚动。如果不设置背景图片固定属性，浏览器默认背景图片随网页的滚动而滚动。为了避免过于花哨的背景图片在滚动时伤害浏览者的视力，可以解除背景图片和文字内容的捆绑，改为和浏览器窗口捆绑。

例子：BODY { background: purple url(bg.jpg); background-repeat:repeat-y; background-attachment:fixed }

使背景图案不随文字"滚动"。

5．背景定位：background-position

语法：{background-position:数值|top|bottom|left|right|center}

作用：背景定位用于控制背景图片在网页中显示的位置。

说明：参数取值范围。

- 带长度单位的数字参数。
- top：相对前景对象顶对齐。
- bottom：相对前景对象底对齐。

- left：相对前景对象左对齐。
- right：相对前景对象右对齐。
- center：相对前景对象中心对齐。

注意：参数中的 center 如果用于另外一个参数的前面，表示水平居中；如果用于另外一个参数的后面，表示垂直居中。

例子：BODY { background-position: center; }

6．背景样式：background

语法：background:background-color||background-image||background-repeat||background-attachment|| background-position

作用：设置背景样式。

注意：当一个值未被指定时，将接受其初始值。为了避免与用户的样式表之间的冲突，背景和颜色应该一起被指定。

例子：p{background: gray url("chess.png") repeat 50% fixed }

C.4　框架样式（Box Style）

序号	中文说明	标记语法
1	边界留白	{margin:margin-top margin-right margin-bottom margin-left}
2	补白	{padding:padding-top padding-right padding-bottom padding-left}
3	边框宽度	{border-width:border-top-width　border-right-width　border-bottom-width　border-left-width}宽度值：数值|thin|medium|thick
4	边框颜色	{border-color:数值 数值 数值 数值}，数值：分别代表 top、right、bottom、left 颜色值
5	边框风格	{border-style:none|hidden|inherit|dashed|solid|double|inset|outset|ridge|groove}
6	边框	{border:border-width border-style color}
7	宽度	{width:数值|百分比|auto}
8	高度	{height:数值|auto}

1．边界留白：margin

语法：{margin:margin-top margin-right margin-bottom margin-left}

说明：包括以下 4 项属性：

- margin-top：顶部空白距离。
- margin-right：右边空白距离。
- margin-bottom：底部空白距离。
- margin-left：左边空白距离。

注意：如果边界在垂直方向邻接（重叠）了，会改用其中最大的那个边界值。而水平方向则不会。margin 的简化方式，可以在其后连续加上 4 个带长度单位的数字来分别表示 margin-top、margin-right、margin-bottom、margin-left，每个数字中间要用空格分隔。

例子：div { margin: 1em 2em 3em 4em }

　　　　上边界为 1em，右边界为 2em，下边界为 3em，左边界为 4em。

2．补白：padding

语法：{padding:padding-top padding-right padding-bottom padding-left}

作用：是简写属性，用于设置上、右、下、左方向边框和内容元素的间距。

说明：包括以下 4 项属性：

- padding-top：顶部补白。
- padding-right：右边补白。
- padding-bottom：底部补白。
- padding-left：左边补白。

注意：用单一值可以让每边等距填充；如果用两个值，则第一个值用于上下填充，第二个值用于左右填充；如果用三个值，则赋予上边填充、左右填充和下边填充；如果用 4 个值，则分别用于上、右、下、左填充。可以混合数值类型。

例子：bc { padding: 1em 2em 3em 4em }
　　　　上、右、下、左分别为 1em、2em、3em、4em。

3. 边框宽度：border-width

语法：{border-width:border-top-width border-right-width border-bottom-width border-left-width}

宽度值：thin|medium|thick|数值

说明：设置对象边框的样式。

注意：如果提供全部 4 个参数值，将按上－右－下－左的顺序作用于 4 个边框；如果只提供一个，将用于全部的四条边；如果提供两个，第一个用于上－下，第二个用于左－右；如果提供三个，第一个用于上，第二个用于左－右，第三个用于下。

例子：H1{border-width:thin thick medium}

4. 边框颜色：border-color

语法：{border-color:数值 数值 数值 数值}

说明：设置对象边框的颜色，数值分别代表 top、right、bottom、left 颜色值。如果提供全部 4 个参数值，将按上－右－下－左的顺序作用于 4 个边框。如果只提供一个，将用于全部的 4 条边；如果提供两个，第一个用于上－下，第二个用于左－右；如果提供三个，第一个用于上，第二个用于左－右，第三个用于下。

例子：body{border-color:silver red RGB(223,94,77) black;}

5. 边框风格：border-style

语法：{border-style:none|hidden|inherit|dashed|solid|double|inset|outset|ridge|groove}

说明：

- none：无边框。
- hidden：隐藏边框。
- inherit：继承父边框。
- dashed：边框为长短线。
- dotted：边框为点线。
- solid：边框为实线。
- double：边框为双线。
- inset：根据 color 属性显示不同效果的 3D 边框。
- outset：根据 color 属性显示不同效果的 3D 边框。
- ridge：根据 color 属性显示不同效果的 3D 边框。
- groove：根据 color 属性显示不同效果的 3D 边框。

注意：可以作用 1～4 的值，使用一个值代表 4 个边框，两个值代表上下和左右。

例子：#Test{border-style:solid dotted}

6．边框：border

语法：{border:border-width border-style color}

作用：位于边框空白和对象空隙之间，包括了 7 项属性。

说明：

- border-top：上边框宽度|边框式样|color。
- border-right：右边框宽度|边框式样|color。
- border-bottom：下边框宽度|边框式样|color。
- border-left：左边框宽度|边框式样|color。
- border-width：所有边框宽度。
- thin 细线| medium：中等线|thick 粗线。
- border-color：边框颜色。
- border-style：边框样式参数。

注意：其中 border-width 可以设置所有边框宽度，border-color 同时设置四面边框的颜色时可以连续写上 4 种颜色，并用空格分隔。边框是按 border-top、border-right、border-bottom、border-left 的顺序设置。

例子：Pborder:solid red}

7．宽度：width

语法：{width:数值|百分比|auto}

作用：设置元素宽度，浏览器按照这个宽度调整图形。

例子：input.button { width: 10em }

8．高度：height

语法：{height:数值|auto}

作用：与宽度属性一样，高度可以应用于设定图象的比例。

例子：IMG.foo { width: 40px; height: 40px }

C.5　布局属性列表（Layout Style）

序号	中文说明	标记语法
1	漂浮	{float:left|right|none}
2	清除	{clear:none|left|right|both}
3	控制显示	{display:none|block|inline|list-item}

1．漂浮：float

语法：{float:left|right|none}

作用：用于在普通元素流布置规则以外放上元素。

说明：

- none：无改动。
- left：将其他元素内容放到浮动元素右边。
- right：将其他元素内容放到浮动元素左边。

注意：漂浮属性允许网页制作者将文本环绕在一个元素的周围，CSS 允许所有对象"漂浮"。

例子：div{float:right}

2．清除：clear

语法：{clear:none|left|right|both}

作用：用于允许或禁止指定元素旁边放置其他元素（通常是线上图形）。

说明：

- left：将元素放在左边浮动元素下面。
- right：将元素放在右边浮动元素下面。
- both：元素两边都不允许放置浮动元素。

注意：清除属性指定一个元素是否允许有元素漂浮在它的旁边。值 left 移动元素到在其左边的漂浮的元素的下面；同样地，值 right 移动到其右边的漂浮的元素的下面。

例子：div{clear:left}

3．控制显示：display

语法：{display:none|block|inline|list-item}

作用：改变元素的显示值，可以将元素类型在线上、块和清单项目间相互变换。

说明：

- none：不显示元素。
- block：块显示，在元素前后设置分行符。
- inline：删除元素前后的分行符，使其并入其他元素流中。
- list-item：将元素设置为清单中的一行。

注意：可以用 display 属性值生成插入标题和补加清单或让图形变成线上显示。

例子：img{disply:block; }

C.6　分类列表

序号	中文说明	标记语法
1	控制空白	{white-space:normal|pre|nowarp}
2	符号列表	{list-style-type:disc|circle|square|decimal|lower-roman|upper-roman|lower-alpha|upper-alpha|none}
3	图形列表	{list-style-image:URL}
4	位置列表	{list-style-position:inside|outside}
5	目录列表	{list-style:目录样式类型|目录样式位置|url}
6	鼠标形状	{cursor:hand|crosshair|text|wait|move|help|e-resize|nw-resize|w-resize|s-resize|se-resize|sw-resize

1．控制空白：white-space

语法：{white-space:normal|pre|nowarp}

作用：控制元素内的空白。

说明：

- normal：不改变，保持默认值，在浏览器页面长度处换行。
- pre：要求文档显示中采用源代码中的格式。
- nowarp：不让访问者在元素内换行。

例子：p{white-space: nowrap}

2. 符号列表：list-style-type

语法：{list-style-type:none|disc|circle|square|decimal|lower-roman|upper-roman|lower-alpha|
　　　upper-alpha}

作用：指定清单所用的强调符或编号类型。

说明：

- none：无强调符。
- disc：碟形强调符（实心圆）。
- circle：圆形强调符（空心圆）。
- square：方形强调符（实心）。
- decimal：十进制数强调符。
- lower-roman：小写罗马字强调符。
- upper-roman：大写罗马字强调符。
- lower-alpha：小写字母强调符。
- upper-alpha：大写字母强调符。

例子：LI { list-style-type: square }

3. 图片列表：list-style-image

语法：{list-style-image:URL}

作用：用于将清单中的标准强调符换成所选的图形。

说明：url 为图形的 URL 地址。

例子：UL { list-style-image: url(/logo.gif) }

4. 位置列表：list-style-position

语法：{list-style-position:inside|outside}

作用：用于设置强调符的缩排或伸排，这个属性可以让强调符突出于清单以外或与清单
项目对齐。

说明：

- inside 缩排，将强调符与清单项目内容左边界对齐。
- outside 伸排，强调符突出到清单项目内容左边界以外。

例子：UL{ list-style-position: outside }

5. 目录列表：list-style

语法：{list-style:目录样式类型|目录样式位置|url}

作用：目录样式属性是目录样式类型、目录样式位置和目录样式图像属性的略写。

说明：

- list-style-type
- list-style-position
- list-style-image

例子：LI.square { list-style: square inside }

6. 鼠标形状 cursor

语法：{cursor:hand|crosshair|text|wait|move|help|e-resize|nw-resize|w-resize|s-resize|se-resize|
　　　sw-resize}

作用：CSS 提供了多达 13 种的鼠标形状，供我们选择。

说明：

- hand：手形。
- crosshair：十字形。
- text：文本形。
- wait：沙漏形。
- move：十字箭头形。
- help：问号形。
- e-resize：右箭头形。
- n-resize：上箭头形。
- nw-resize：左上箭头形。
- w-resize：左箭头形。
- s-resize：下箭头形。
- se-resize：右下箭头形。
- sw-resize：左下箭头形。

例子：p{ cursor : url("mything.cur"), url("second.csr"), text; }

附录 D　CSS 单位

1. 长度单位

一个长度的值由可选的正号"+"或负号"-"、接着的一个数字，还有标明单位的两个字母组成。在一个长度的值之中是没有空格的，例如，1.2 em 就不是一个有效的长度的值，但 1.2em 就是有效的。一个为零的长度不需要两个字母的单位声明。

相对值单位确定一个相对于另一长度属性的长度，因为它能更好地适应不同的媒体，所以是首选的。以下是有效的相对单位：

- em：em，元素的字体的高度。
- ex：x-height，字母 "x" 的高度。
- px：像素，相对于屏幕的分辨率。
  - ➢ em：字符为单位，指字母元素的尺寸，和 Point 相同距离。
  - ➢ ex：x-height 为单位。
  - ➢ px：像素，Pixels 为单位：像素可以使用于所有的操作平台，但可能会因为浏览者的屏幕分辨率不同而造成显示上的效果差异。

绝对长度单位视输出介质而定，以下是有效的绝对单位：

- in：英寸，1 英寸=2.54 厘米。
- cm：厘米，1 厘米=10 毫米。
- mm：毫米。
- pt：点，1 点=1/72 英寸。
- pc：帕，1 帕=12 点。
  - ➢ in：英寸。
  - ➢ cm：厘米。
  - ➢ mm：毫米。
  - ➢ pt：像点，Point 为单位，点单位在所有的浏览器和操作平台上都适用。
  - ➢ pc：打印机的字体大小。

相对关系：1in = 6pc = 72pt = 2.54cm = 25.4mm

2. 百分比单位

一个百分比值由可选的正号"+"或负号"-"、接着的一个数字，还有百分号"%"组成。在一个百分比值之中是没有空格的。百分比值是相对于其他数值的，同样地用于定义每个属性。最经常使用的百分比值是相对于元素的字体大小。

附录 E　Web 颜色

Windows VGA（视频图像阵列）形成了 16 个关键字：aqua、black、blue、fuchsia、gray、green、lime、maroon、navy、olive、purple、red、silver、teal、white、yellow。

RGB 颜色可以有 4 种形式：

- #rrggbb，如#00cc00。
- #rgb，如#0c0。
- rgb(x,x,x)：x 是一个 0～255 之间的整数，如 rgb(0,204,0)。
- rgb(y%,y%,y%)：y 是一个 0.0～100.0 之间的整数，如 rgb(0%,80%,0%)。

下面是 216 种 Web 安全颜色。

#000000	#000033	#000066	#000099	#0000CC	#0000FF
#003300	#003333	#003366	#003399	#0033CC	#0033FF
#006600	#006633	#006666	#006699	#0066CC	#0066FF
#009900	#009933	#009966	#009999	#0099CC	#0099FF
#00CC00	#00CC33	#00CC66	#00CC99	#00CCCC	#00CCFF
#00FF00	#00FF33	#00FF66	#00FF99	#00FFCC	#00FFFF
#330000	#330033	#330066	#330099	#3300CC	#3300FF
#333300	#333333	#333366	#333399	#3333CC	#3333FF
#336600	#336633	#336666	#336699	#3366CC	#3366FF
#339900	#339933	#339966	#339999	#3399CC	#3399FF
#33CC00	#33CC33	#33CC66	#33CC99	#33CCCC	#33CCFF
#33FF00	#33FF33	#33FF66	#33FF99	#33FFCC	#33FFFF
#660000	#660033	#660066	#660099	#6600CC	#6600FF
#663300	#663333	#663366	#663399	#6633CC	#6633FF
#666600	#666633	#666666	#666699	#6666CC	#6666FF
#669900	#669933	#669966	#669999	#6699CC	#6699FF
#66CC00	#66CC33	#66CC66	#66CC99	#66CCCC	#66CCFF

#66FF00	#66FF33	#66FF66	#66FF99	#66FFCC	#66FFFF
#990000	#990033	#990066	#990099	#9900CC	#9900FF
#993300	#993333	#993366	#993399	#9933CC	#9933FF
#996600	#996633	#996666	#996699	#9966CC	#9966FF
#999900	#999933	#999966	#999999	#9999CC	#9999FF
#99CC00	#99CC33	#99CC66	#99CC99	#99CCCC	#99CCFF
#99FF00	#99FF33	#99FF66	#99FF99	#99FFCC	#99FFFF
#CC0000	#CC0033	#CC0066	#CC0099	#CC00CC	#CC00FF
#CC3300	#CC3333	#CC3366	#CC3399	#CC33CC	#CC33FF
#CC6600	#CC6633	#CC6666	#CC6699	#CC66CC	#CC66FF
#CC9900	#CC9933	#CC9966	#CC9999	#CC99CC	#CC99FF
#CCCC00	#CCCC33	#CCCC66	#CCCC99	#CCCCCC	#CCCCFF
#CCFF00	#CCFF33	#CCFF66	#CCFF99	#CCFFCC	#CCFFFF
#FF0000	#FF0033	#FF0066	#FF0099	#FF00CC	#FF00FF
#FF3300	#FF3333	#FF3366	#FF3399	#FF33CC	#FF33FF
#FF6600	#FF6633	#FF6666	#FF6699	#FF66CC	#FF66FF
#FF9900	#FF9933	#FF9966	#FF9999	#FF99CC	#FF99FF
#FFCC00	#FFCC33	#FFCC66	#FFCC99	#FFCCCC	#FFCCFF
#FFFF00	#FFFF33	#FFFF66	#FFFF99	#FFFFCC	#FFFFFF

参考文献

[1] 胡艳洁编著. HTML 标准教程. 北京：中国青年出版社，2004.

[2] 胡崧. HTML 从入门到精通. 北京：中国青年出版社，2007.

[3] 姚军译. CSS 与 HTML Web 设计实践指南. 北京：人民邮电出版社，2007.

[4] 李刚编著. 即用即查 HTML+CSS 标记参考手册. 北京：人民邮电出版社，2007.

[5] （英）巴德著. 精通 CSS：高级 Web 标准解决方案. 陈剑瓯译. 北京：人民邮电出版社，2006.

[6] （美）麦克法兰著. CSS 实战手册（第 2 版）. 俞黎敏译. 北京：电子工业出版社，2007.

[7] （美）Dave Shea, Molly E.Holzschlag 著. CSS 禅意花园. 陈黎夫等译. 北京：人民邮电出版社，2007.

[8] 许莉. 网页制作技术. 北京：中国水利水电出版社，2006.

[9] （美）迈耶著. CSS 权威指南（第三版）. 尹志忠，侯妍译. 北京：中国电力出版社，2007.

[10] 朱印宏. CSS 商业网站布局之道. 北京：清华大学出版社，2007.

[11] 李超. CSS 网站布局实录. 北京：科学出版社，2007.